仕事の現場で即使える

Access 2016/2013/2010 対応版

Access データベース本格作成入門

今村ゆうこ 著

技術評論社

ご注意
ご購入・ご利用の前に必ずお読みください

- 本書に記載された内容は、情報の提供のみを目的としています。したがって、本書を用いた運用は、必ずお客様自身の責任と判断によって行ってください。これらの情報の運用の結果に付いて、技術評論社および著者はいかなる責任も負いません。
  また、本書付属のCD-ROMに掲載されているプログラムコードの実行などの結果、万一障害が発生しても、弊社及び著者は一切の責任を負いません。あらかじめご了承ください。
- 本書付属のCD-ROMをお使いの場合、P.11の「CD-ROMの使い方」を必ずお読みください。お読みいただかずにCD-ROMをお使いになった場合のご質問や障害には一切対応いたしません。ご了承ください。
  付属CD-ROMに収録されているデータの著作権はすべて著者に帰属しています。本書をご購入いただいた方のみ、個人的な目的に限り自由にご利用いただけます。
- 本書記載の情報は、2017年3月末日現在のものを掲載していますので、ご利用時には、変更されている場合もあります。
- 本書はWindows 10、Access 2016を使って作成されており、2017年3月末日現在での最新バージョンをもとにしています。Access 2013／2010でも本書で解説している内容を学習することは問題ありませんが、一部画面図などが異なることがあります。
  また、ソフトウェアはバージョンアップされる場合があり、本書での説明とは機能内容や画面図などが異なってしまうこともあり得ます。本書ご購入の前に、必ずバージョン番号をご確認ください。OSやソフトウェアのバージョンが異なることを理由とする、本書の返本、交換および返金には応じられませんので、あらかじめご了承ください。

以上の注意事項をご承諾いただいた上で、本書をご利用願います。これらの注意事項に関わる理由に基づく、返金、返本を含む、あらゆる対処を、技術評論社および著者は行いません。あらかじめ、ご承知おきください。

動作環境

- 本書はAccess 2016／2013／2010を対象としています。お使いのパソコンの特有の環境によっては、上記のAccessを利用していた場合でも、本書の操作が行えない可能性があります。本書の動作は、一般的なパソコンの動作環境において、正しく動作することを確認しております。

動作環境に関する上記の内容を理由とした返本、交換、返金には応じられませんので、あらかじめご注意ください。

※本書に記載した会社名、プログラム名、システム名などは、米国およびその他の国における登録商標または商標です。本文中では™、®マークは明記しておりません。

はじめに

　WordやExcel、PowerPointなどと同じ感覚でAccessにチャレンジしてみたものの、「なんだこりゃ全然わからない」と思った方はきっと少なくありません。

　同じMicrosoft Officeシリーズの製品なのに、どうしてAccessだけ難解に感じられるのでしょうか？　それは、ソフトウェアの目的が違うからです。Wordは文書作成ソフト、Excelは表計算ソフトですが、Accessはデータベース管理ソフトです。

　文書作成も表計算も、どんなものか想像が付きやすいですし、見えている画面がそのまま完成品になるので直感的に理解しやすく、最初はわからなくとも操作しながら習得していくことが可能です。
　ところがAccessの場合、まず「データベース」とは何か、というところからスタートしなければなりません。その理解が前提で、データベースを管理するための「テーブル」や「レポート」などという「部品」を作り、完成品を組み立てていくソフトウェアなのです。

　さらにAccessは、「部品」ごとに画面に表示され、「部品」を少しずつ作り込んでいくことで完成品を表現するという特徴があるので、全体像は自分の頭で理解していないといけません。したがって、「何も知らないけれど、とりあえずさわってみよう」と開いたときに、ある一部の「部品」の画面が出てきて、「？？？」という状態になってしまうんですね。

　本書では、まず「データベースとは何か」を解説したのち、Accessでデータベースを管理するための「部品」とはどのようなものかについて、ひとつずつ学んでいきます。
　そののち、具体的な「部品」の作り方を解説しながら、最終的には「データベースを管理するアプリケーション」を完成させる、という構成になっています。

　一般的にデータベース管理というものは、その環境を整えるのに時間も費用もかかるものですが、Accessは低コストで手軽に導入できるうえ機能性も高く、中小規模のデータ管理に非常におすすめです。
　データ管理は今や必要不可欠なものですが、どうしても煩雑になりがちです。その仕事を効率化するためのひとつの可能性として、本書がお役に立つことができたら幸いです。

2017年3月末日

今村　ゆうこ

本書の構成 ………………………………………………………………………… 010
CD-ROMの使い方 ………………………………………………………………… 011

CHAPTER 1　Accessの基本　データベースを作成する前に

1-1　Accessを使う理由〜失敗しないために知っておく　014

- 1-1-1　データベースとは …………………………………………………… 014
- 1-1-2　AccessとExcelの違い ……………………………………………… 016
- 1-1-3　Accessを利用するメリット ………………………………………… 017

1-2　Accessで利用できるオブジェクト〜どんなことができるのか　019

- 1-2-1　テーブル ………………………………………………………………… 019
- 1-2-2　クエリ …………………………………………………………………… 020
- 1-2-3　レポート ………………………………………………………………… 021
- 1-2-4　フォーム ………………………………………………………………… 022

1-3　データの整合性〜なんでも格納できるのではない　023

- 1-3-1　適切な形でデータを格納する ……………………………………… 023
- 1-3-2　整合性を保つための仕組みが作れる ……………………………… 024

1-4　データベースプロジェクト〜Accessのデータベースはファイル1つ　025

- 1-4-1　1つのファイルで多数のオブジェクトを持てる …………………… 025
- 1-4-2　データベースファイルを作成する ………………………………… 026

1-5　ナビゲーションウィンドウを中心とした操作〜オブジェクトを作り込む　028

- 1-5-1　Access画面の名称 …………………………………………………… 028
- 1-5-2　ナビゲーションウィンドウを中心としたアプリケーション …… 030

CHAPTER 2　テーブル　設計・作成・格納

2-1　テーブルの基礎知識〜データベースの核　032

- 2-1-1　テーブルは表形式でできている …………………………………… 032

	2-1-2	フィールドは、データの要素	033
	2-1-3	レコードは、データの最小単位	033

2-2　データ型〜フィールドには最適な形がある　034

2-2-1	データ型とは	034
2-2-2	数値型	035
2-2-3	日付／時刻型	035
2-2-4	テキスト型	036
2-2-5	その他の型	036

2-3　テーブルの設計〜作る前が肝心　037

2-3-1	テーブルに必要な要素を考える	037
2-3-2	デザインビューとデータシートビュー	038
2-3-3	フィールドの設定	041

2-4　主キーの設定〜最重要フィールド　045

| 2-4-1 | 主キーとは | 045 |
| 2-4-2 | オートナンバー型 | 046 |

2-5　テーブルと元データの整合性〜作成への最初の関門　048

| 2-5-1 | 格納するデータを整える | 048 |
| 2-5-2 | データの表記を統一する | 050 |

2-6　データのインポート〜元データを読み込む　060

| 2-6-1 | Excelファイルのインポート | 060 |
| 2-6-2 | CSVファイルのインポート | 064 |

2-7　データシートビュー〜データを操作する　067

2-7-1	レコードの追加	067
2-7-2	レコードの更新	068
2-7-3	レコードの削除	068

2-8　運用に関する注意〜データベースは組織の重要な財産　069

2-8-1	Accessの特徴を理解する	069
2-8-2	二重化の防止	070
2-8-3	最適化と修復	070
2-8-4	バックアップ	072

CHAPTER 3 クエリ　データの検索・抽出・再計算

3-1　クエリの基本〜テーブルから必要なデータの抽出　074
- 3-1-1　選択クエリ　074
- 3-1-2　アクションクエリ　075

3-2　クエリのデザインビュー〜任意のフィールドを選択　076
- 3-2-1　選択クエリの作成　076
- 3-2-2　クエリの実行　079

3-3　フィールドの値を使った再計算〜計算結果を抽出　082
- 3-3-1　式ビルダー　082
- 3-3-2　演算フィールドを作る　083
- 3-3-3　値を集計する　087

3-4　条件付きクエリ〜不等号で比較　089
- 3-4-1　一致する/しない条件　089
- 3-4-2　大きい/小さい条件　092
- 3-4-3　範囲を指定した条件　094

3-5　Like演算子〜あいまい検索　096
- 3-5-1　前方一致の条件　096
- 3-5-2　後方一致の条件　097
- 3-5-3　含む条件　098

3-6　And句とOr句〜条件を組み合わせた抽出　100
- 3-6-1　〜かつ〜の条件　100
- 3-6-2　〜または〜の条件　101
- 3-6-3　なにも入力されていないを条件に　102

3-7　パラメータークエリ〜入力した値で抽出　103
- 3-7-1　パラメータークエリ　103
- 3-7-2　式と組み合わせたパラメーター　105

3-8 アクションクエリ〜レコードの操作　107
- 3-8-1　追加クエリ　107
- 3-8-2　更新クエリ　117
- 3-8-3　削除クエリ　125

3-9 クエリのエクスポート〜エクセルで分析　130
- 3-9-1　エクスポート　130
- 3-9-2　データの活用　133

CHAPTER 4 リレーションシップ　複数テーブルでの運用

4-1 リレーションシップの有効性
〜テーブル1つでは無駄が多い　136
- 4-1-1　複数テーブルで最低限のデータだけ格納する　136
- 4-1-2　リレーションシップで効率的に使う　139

4-2 トランザクションテーブルとマスターテーブル
〜複数テーブルの考え方　140
- 4-2-1　マスターテーブル　140
- 4-2-2　トランザクションテーブル　141
- 4-2-3　主キーと外部キー　143

4-3 テーブル分割〜効率的な運用へ　145
- 4-3-1　マスターテーブルを作成する　145
- 4-3-2　トランザクションテーブルに外部キーのフィールドを作成する　157
- 4-3-3　不要フィールドを削除する　163
- 4-3-4　リレーションを張る　166

4-4 複数テーブルを利用したクエリ
〜テーブルをまたいで抽出　169
- 4-4-1　クエリを使えば複数テーブルから見やすいデータを作成できる　169
- 4-4-2　テーブルをまたいで計算・抽出する　173

4-5 結合の種類と参照整合性
〜リレーションシップの最難関ポイント　177

4-5-1	結合の種類で抽出されるデータが変わる	177
4-5-2	テーブル間の矛盾を防ぐ参照整合性	185

4-6　ルックアップフィールド〜入力ミスを防げる　192

4-6-1	データを選択できるルックアップフィールド	192
4-6-2	ルックアップフィールドの設定方法	193

CHAPTER 5　レポート　帳票出力と印刷

5-1　単票形式、表形式、帳票形式
〜3つの形式を使い分ける　200

5-1-1	単票形式	200
5-1-2	表形式	200
5-1-3	帳票形式	201

5-2　レポートで使う4つのビュー〜それぞれの特徴と役割　202

5-2-1	デザインビュー	202
5-2-2	レイアウトビュー	202
5-2-3	印刷プレビュー	203
5-2-4	レポートビュー	203

5-3　レポートウィザード〜テーブルを帳票出力する　205

5-3-1	4種類のウィザード	205
5-3-2	レポートウィザードでテーブルを印刷形式にする	208
5-3-3	セクションとコントロール	212
5-3-4	ウィザードで作成したレポートを手直しする	218
5-3-5	フィルターを使ってレコードを絞り込む	222
5-3-6	もっとかんたんにレポートを作成するには	225

5-4　売上明細書を印刷する〜クエリを使ってレポート作成　226

5-4-1	レポートの完成形を詳細に決めておく	226
5-4-2	レポートのレコードソースのクエリを作成する	227
5-4-3	コントロールを配置する	230
5-4-4	レイアウトビューで整える	243
5-4-5	パラメータークエリで宛先を変更する	246
5-4-6	対象期間を設定する	247

CHAPTER 6 フォーム　オリジナルの操作画面の利用

6-1 専用ユーザーインターフェースの作成
〜ユーザーの作業範囲を明確にしてリスクを低減　252

- 6-1-1　フォーム　252
- 6-1-2　フォームで使うコントロール　253
- 6-1-3　連結と非連結　253

6-2 フォームで使う3つのビュー〜それぞれの特徴と役割　255

- 6-2-1　デザインビュー　255
- 6-2-2　レイアウトビュー　255
- 6-2-3　フォームビュー　256

6-3 入力フォーム〜テーブルと連結したフォーム　257

- 6-3-1　テーブルの入力フォームを作成する　257
- 6-3-2　入力フォームの操作方法　264

6-4 メニューフォーム〜空白のフォームから作成　268

- 6-4-1　空白のフォームを作成する　268
- 6-4-2　コマンドボタンで入力フォームを起動させる　269
- 6-4-3　AutoExec を設定する　277

6-5 フォームにクエリを埋め込む〜売上合計を表示させる　280

- 6-5-1　埋め込みたいクエリを作成する　280
- 6-5-2　サブフォームにクエリを設定する　282
- 6-5-3　サブフォームを利用する際に注意すべきこと　286

6-6 パラメータークエリ〜ユーザーに入力させる　290

- 6-6-1　テキストボックスを作成する　290
- 6-6-2　クエリの条件にフォームの値を設定する　293
- 6-6-3　クエリを再表示するコマンドボタンを配置する　295

索引　301

本書の構成

本書は、Accessを使って業務の仕様に耐えうる『本格的』なデータベースを作成するという内容を解説しています。

本書の構成は次のようになっています。

CHAPTER 1
Accessのデータベースを作成する前に知っておくべき基本的な知識
CHAPTER 2
データベースの要である「テーブル」の作成
CHAPTER 3
作成されたテーブルを操作するための機能「クエリ」の使い方
CHAPTER 4
本格的なデータベースに必要な「リレーションシップ」の操作
CHAPTER 5
印刷および帳票出力を行う「レポート」の使い方
CHAPTER 6
高度なアプリケーションとしてAccessを利用するための機能「フォーム」の使い方

Accessでデータベースを作成して、データを管理したいという目的には、**CHAPTER 3**までの理解が必要になります。
本格的な業務で使いたいという目的には、**CHAPTER 4**、**CHAPTER 5**までの知識が必要になります。
複数の人間でデータベースを管理・運用していくという目的ならば、**CHAPTER 6**までの理解が必要になります。

> なお、解説の都合上、本書内に掲載している画面は、紹介した操作をすべて順番ごとに行った結果でないこともあります。そのため、ご自身の操作によっては、ご自身の結果画面と本書内に掲載している画面が微妙に異なることがあります。

CD-ROMの使い方

● 注意事項

本書付属のCD-ROMをお使いの前に、必ずこのページをお読みください。

　本書付属のCD-ROMを利用する場合、いったんCD-ROMのすべてのフォルダーを、ご自身のパソコンのドキュメントフォルダーなど、しかるべき場所にコピーしてください。
　また、CD-ROMからコピーしたファイルを利用する際、次の警告メッセージが表示されますが、その場合、「コンテンツの有効化」をクリックしてください。

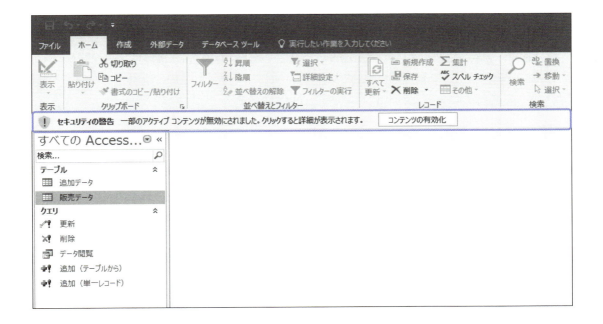

　CHAPTER 6のサンプルには、マクロというプログラムの一種が含まれています。お使いのパソコンによっては、セキュリティの関係上、Accessに含まれるマクロの利用を禁止していることもあり得ます。

　その場合、「ファイル」タブの「オプション」をクリックして、「Accessのオプション」を開き、「セキュリティセンター」→「セキュリティセンターの設定」から「マクロの設定」を変更してマクロを有効にしてください。
　セキュリティセンターの設定によって、プログラムが起動しない場合、ご自身で有効にするように努めてください。これに関して、技術評論社および著者は対処いたしません。

● 構成

本書付属のCD-ROMは以下の構成になっています。

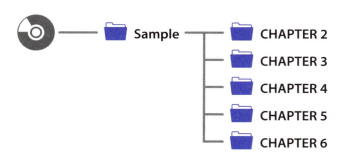

CHAPTER 2からCHAPTER 6までのフォルダは本文の各CHAPTERに対応したサンプルファイルが格納されています。詳細は次の通りです。

CHAPTER 2
このフォルダーには以下のサブフォルダーがあります。
- [Before]　　CHAPTER 2のP.39までの解説手順を踏まえたAccessファイルとP.37の状態のExcelファイルが格納
- [Before1]　CHAPTER 2のP.44までの解説手順を踏まえたAccessファイルとP.59までの解説手順を踏まえたExcelファイルとP.64で詳解しているCSVファイルが格納
- [After]　　 CHAPTER 2の解説手順をすべて踏まえたAccessファイルが格納

CHAPTER 3
- [Before]　　CHAPTER 3の解説内容が施されていないAccessファイルが格納
- [After]　　 CHAPTER 3の解説手順をすべて踏まえたAccessファイルが格納

CHAPTER 4
- [Before]　　CHAPTER 4の解説内容が施されていないAccessファイルが格納
- [After]　　 CHAPTER 4の解説手順をすべて踏まえたAccessファイルが格納

CHAPTER 5
- [Before]　　CHAPTER 5の解説内容が施されていないAccessファイルが格納
- [After]　　 CHAPTER 5の解説手順をすべて踏まえたAccessファイルが格納

CHAPTER 6
- [Before]　　CHAPTER 6の解説内容が施されていないAccessファイルが格納
- [After]　　 CHAPTER 6の解説手順をすべて踏まえたAccessファイルが格納

Accessの基本
データベースを作成する前に

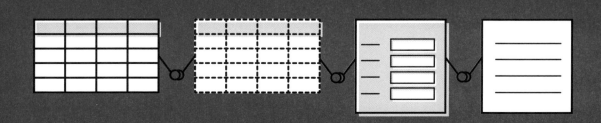

CHAPTER 1

1-1 Accessを使う理由
～失敗しないために知っておく

操作の解説に入る前に、まずはデータベースについて理解しましょう。
続いて、Accessとはどんなもので、なにが得意なのか？ Excelとはどう違うのか？ という部分をきちんと理解しておきましょう。

1-1-1 データベースとは

　Accessは、データベースを扱うソフトウェアです。データベースという単語を聞いたことがある人は少なくありませんが、実際にどんなものなのかを知っている人はそれほど多くありません。
　データベースとは、一体なんでしょうか？ とてもかんたんに説明すると、「たくさんのデータを集めたもの」のことです。とても幅広い分野で使われているので、知らず知らずのうちにほとんどの人が利用しています。

図1　日常的にデータベースを使っている

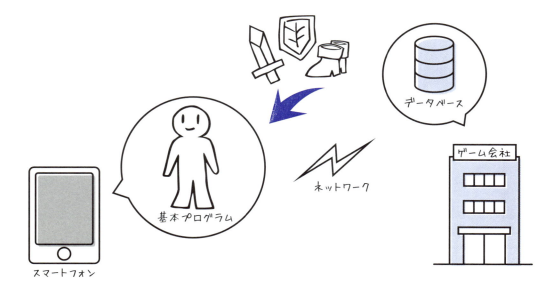

たとえば、スマートフォンでゲームをしたことはありますか？　キャラクターの名前やゲーム内で集めたアイテム、現在までのクリア履歴など、ゲームにはたくさんのデータが必要ですが、そういったデータをすべてスマートフォン本体に保存していたら容量を圧迫してしまいます。実際には、スマートフォン本体にはゲームを動かすためのプログラムだけを置いておき、データ自体は運営会社のデータベースに保存されていて、遊ぶときに逐一呼び出しているのです。

また、お店で会員カードを提示すると、名前や住所が登録されていたり、ポイントが溜まってそれを使ったりできますよね。これも、そのお店のデータベースにあなたの情報が保管されているからです。

どちらのケースも、利用する側から見れば必要なのは自分のデータだけですが、提供する側では膨大な人数のデータを保管しないといけません。その膨大なデータを集めたものが、データベースです。

ただし、データベースの目的は、データを集めることだけではなく、データを利用することです。膨大なデータの中から必要なものがすぐに見つからなくてはデータベースとは呼べません。現実と一緒で、データもきちんと整理整頓されていないと見つけられないのです。つまり、データベースとはたくさんのデータが整理整頓されて集められているものということになります。

図2　整理されていないとデータベースと呼べない

1-1-2 AccessとExcelの違い

AccessはDBMS (DataBase Management System) と呼ばれます。日本語にすると、「データベース管理システム」です。「たくさんのデータを集めたもの」を「管理」するためのシステム、ということですね。

いくらたくさんのデータがきれいに集まっているからといって、「管理」されていなければ整理整頓の状態はあっという間に崩れてしまいます。データを整理整頓された状態に保つために、データを保管する場所を用意して、ルールを決めて、ズレや重複が起きないように監視する、それがAccessのお仕事です。ルールどおりに整理整頓されていると無駄な容量を使わないので、効率よくたくさんのデータを蓄積することができます。データがきちんと並んでいるので、計算や集計も得意ですし、目的のものを探し出すのも非常に迅速です。とっても有能な秘書みたいに思えてきますね。

図3 Accessはデータ管理が得意

対して、Excelは表計算を扱うソフトウェアです。

ワークシートの中にセルが並んでいて、その中にデータや数式を入力することによって、計算ができたりきれいなデザインの表やグラフがすぐに作れたりしますよね。ほかにも、写真を貼り付けたり図形を描いたりして、見た目がわかりやすい資料を作り、データを分析することが得意です。要望を整理してわかりやすく伝えるのが得意な営業マンのようなイメージです。

図4 Excelはデータ分析が得意

1-1-3　Accessを利用するメリット

　わざわざAccessを使わなくても、Excelで「データ管理」はできないのでしょうか？　実際、不可能ではありません。しかし、Excelは大量のデータを整然と管理し、さらにそれを維持するのは苦手なのです。

図5 分析は得意だが、管理は苦手なExcel

なぜかというと、データに対する自由度が高すぎるのが問題だからです。Excelでは好きなワークシートの好きなセルに、好きなデータを入れることができてしまいますが、これは「データを管理する」という面では大きなデメリットです。

少量のデータを自分だけで管理するならまだしも、データ量や使用人数が増えるほど、自由度の高さゆえにデータは集計しにくいものになりがちです。さらにはデータがあちこちに散らばって「探す」という作業が発生します。散らばったデータを集計のために探して集め直して、という二度手間の作業は、できるだけなくしたいですよね。

その点、Accessではデータを保管する場所を必要なだけ用意しておいて、そこにしかデータが収められない仕組みになっています。色や書式の設定もありません。ただデータを整然とシンプルに、大量に蓄積していくのが得意です。レイアウトの自由度は低いものの、データを「管理」「維持」することに関してはスペシャリストです。

データの表記が間違っていたり必要なデータが揃っていなかったりすると、問題がなくなるまでデータを収めることができません。したがって、収められているデータの信頼性が非常に高く、整理整頓がゆきとどいているので、必要なデータがすぐに見つかり、集計もかんたんです。

このように、AccessはExcelの苦手な部分を保管する機能を持っているので、Accessを適切に使うことができれば作業効率がぐんと上がるのです。苦手な「データ管理」をAccessに任せてしまえば、Excelでは必要なデータだけAccessから取り出して「活用」するだけで、無駄なデータを持たなくて済むでしょう。

図6 管理はAccess、分析はExcelと使い分けると効率的

CHAPTER 1

1-2 Accessで利用できるオブジェクト～どんなことができるのか

データベースを管理するために、Accessにはテーブル・クエリ・レポート・フォームという機能があり、これらをオブジェクトと呼びます。どんなものなのか、ひとつずつ確認していきましょう。

1-2-1　テーブル

データを保管する場所です。データベースを使うには、まずどんなデータをどのくらい収めるのかを想定して、テーブルの形や大きさを設計します。テーブルは複数作ることができ、データベースとは、このテーブルが集まったもののことを指します。

たとえば商品の販売情報を扱うとすると、データベースには、「いつ」「なにが」「いくつ」「いくら」で売れたのか？ 売った相手は、「どこ」の「だれ」なのか？ など、さまざまなデータが発生しますよね。それらを整理整頓しながら、どんどんとデータを蓄積してく場所がテーブルになります。

図7　テーブル

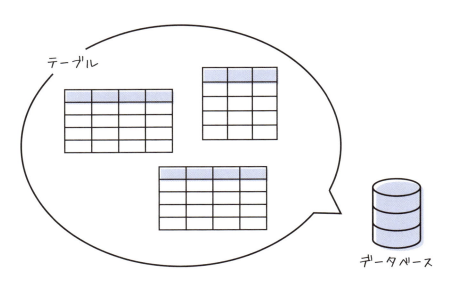

1-2-2 クエリ

　一般的な意味ではデータベースへ命令文を投げかける「問い合わせ」行為を指す言葉ですが、Accessでは命令の作成・問い合わせ・結果をひとくくりにした機能を、クエリと呼びます。

　たくさんのデータの中から、必要なものだけ取り出したり、集計したり、テーブルのデータを一括で書き換えたり、削除したりすることもできます。クエリ自体はデータを持たないので、クエリで選んで取り出したものは、テーブルのデータを利用して表示されます。テーブルの内容が変われば、クエリの結果も変わります。

　さきほど説明したテーブルに、「いつ」「なにが」「いくつ」「いくら」「どこ」の「だれに」…などなど、たくさんの情報が格納されているとして、その中の「いつ」「なにが」「いくつ」だけを効率よく閲覧したいな、というときに便利なのがクエリです。

　さらには、日時で並び替えたり、同じ商品だけで合計金額を出したりなど、クエリを使うと、テーブルのデータを利用してほしいデータだけを集めて表示することができます。

図8　クエリ

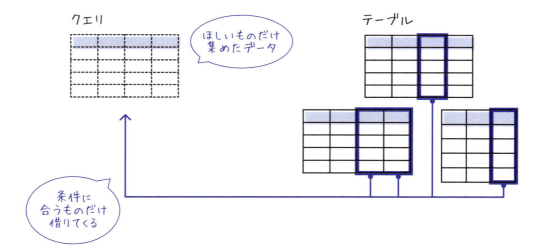

1-2-3 レポート

　Accessでデータを印刷するためのテンプレートのことです。Excelでは、自由にレイアウトしたシートをそのままの見た目で印刷できますが、Accessはデータを格納する機能（テーブル）と、印刷する機能（レポート）が明確に分かれています。データベースの要であるテーブルを、膨大なデータを効率的に蓄積する機能に特化させているためです。

　レポートという印刷用のテンプレートを作成しておき、そこへデータを当てはめて印刷用の画面を作成します。こちらもクエリと同じで、レポート自体はデータを持たないので、そのつどテーブルのデータを利用します。

　テーブルに格納されている「いつ」「なにが」「いくつ」「いくら」で、「どこ」の「だれ」に…などのたくさんのデータを利用して、発注書や納品書などの帳票類を作成するときに使うのが、このレポートです。

　絞り込みや並び替えもかんたんなので、売上に対する顧客への納品書や、期間指定した商品ごとの売上リストなどもすぐに印刷することができます。

図9 レポート

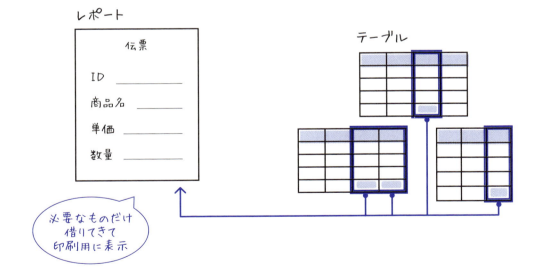

1-2-4 フォーム

　データの入力や出力などの操作を、より便利に使えるようにする機能です。テーブル、クエリ、レポートだけでもデータベース管理は可能ですが、操作するのにそれぞれの知識が必要です。フォームを利用すると入力用画面やメニュー画面などの、操作を補助する画面を作ることができるので、テーブルやレポートの仕組みを理解していない人でも、データベースをよりかんたんに利用できるようになります。管理者とは別の人にデータの入出力処理を行ってもらいたい場合などに便利ですし、操作時間の短縮にもなります。

　また、作業内容を登録して自動で実行できるマクロという機能がフォームと非常に相性がよいため、合わせてよく使われます。特定の動作を登録したボタンを作っておけば、繰り返し作業などの効率が格段に上がります。さらに細やかな処理を自動で実現するには、VBA（Visual Basic Applications）というプログラミング言語を使って高度な機能を自作することも可能です。

　売上が発生したとき、テーブルに「いつ」「なにが」「いくつ」…などのデータを直接打ち込む代わりに、「入力画面」に入力したほうが、直感的にわかりやすいですよね。ほかにも、ボタンによく使う動作を登録しておけば、そのボタンをクリックするだけで作業することができてとても効率的です。
　知らなくてもAccessは使えますが、知っておくと格段に便利になる機能です。

図10　フォーム

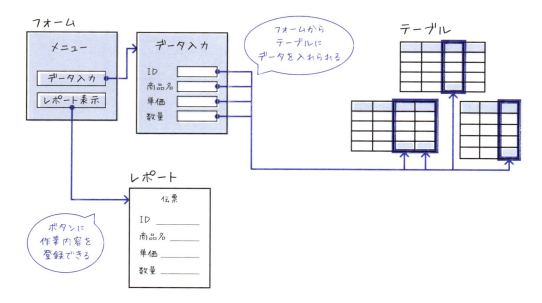

CHAPTER 1

1-3 データの整合性
〜なんでも格納できるのではない

データベースは、テーブルの中に入っているひとつひとつのデータの形が重要です。きちんと管理していくためにも、自由すぎてはいけません。データには整合性が求められるのです。

1-3-1 適切な形でデータを格納する

　データベースに収めるデータには、整合性が求められます。かんたんにいうと、データが適切な形を保っていて、間違いがない状態で管理されているか、ということです。日付ならば正しい日付の形、数値ならば正しい数値の形にしておかないと、テーブルにデータを収めてはいけません。また、同じものの名称は確実に同じ文字列になっているべきです。たとえば伊藤さんという名前の人が「伊藤孝」「伊藤」「伊藤（た）」「イトウ」のように、入力のたびに表記を変えてしまったらどうなるでしょうか？　パソコンはこれらの表記が同一人物かどうかわからないので、これでは伊藤さんの正しい集計ができません。最初に形を決めて、それに従って同じ形でデータを収めていかなくてはならないのです。

図11 まったく同じ形でないと、同じ要素にならない

1-3-2 整合性を保つための仕組みが作れる

とはいえ、うっかり間違ってしまったり、最初に決めた名称を変えたりすることはありますよね。Accessでは、そういった場合に途中から名称を変更しても大丈夫な仕組みや、間違ったデータは収められないようにする仕組みを作ることができます。これがExcelとは違う、データベースを「管理」するソフトウェアならではの部分です。

なお、パソコンは「全角」「半角」「大文字」「小文字」がひとつでも一致しなければ違う要素と判断する、ということを覚えておいてください。特に、ハイフンなどの記号やスペースも、「全角」と「半角」で違う要素になってしまうのです。これは一見してもわからないため、注意が必要です。

Accessでは、データベースを管理していくための「仕組み作り」が非常に重要です。その仕組みを正しく作るためにも、きちんと特性を把握しておきましょう。

図12　「全角」「半角」「大文字」「小文字」はすべて統一

CHAPTER 1
1-4 データベースプロジェクト
～Accessのデータベースはファイル1つ

Accessが得意なこと、データベースを管理するためのオブジェクトについて勉強してきたところで、実際にデータベースファイルを作成してみましょう。ここから実際にAccessを操作していきます。

1-4-1　1つのファイルで多数のオブジェクトを持てる

　ここまで「オブジェクト」と呼ばれる、テーブル、クエリ、レポート、フォームの概要を説明してきました。1つのデータベースを管理するために、これらのオブジェクトを必要なだけ作っていくわけですが、オブジェクトをいくつ作ったとしても、Accessのファイルは1つで完結するのです。
　たくさんの機能を備えているのにファイル自体が扱いやすいことも、データベース初心者の方にAccessがおすすめされる理由のひとつです。

図13　オブジェクトがいくつあっても、ファイルは1つ

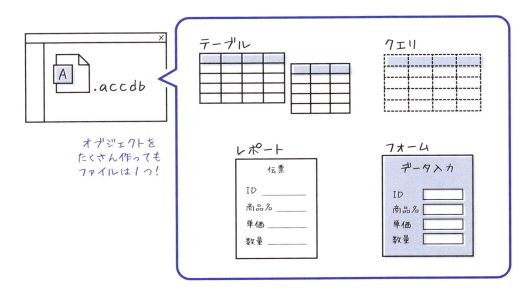

CHAPTER 1　Accessの基本　データベースを作成する前に

1-4-2　データベースファイルを作成する

　それでは、実際にデータベースファイルを作ってみましょう。まずはAccessを起動させてみてください。

図14　Accessの起動画面

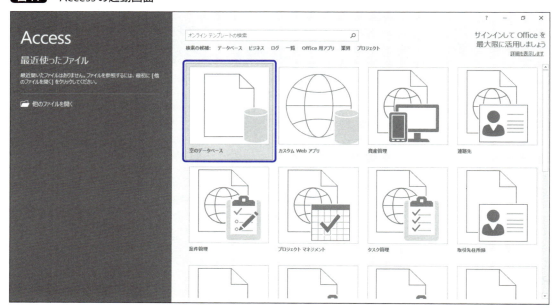

　すると、図14のような画面になります。「空のデータベース」をクリックしてみましょう。

図15　データベースの作成画面

　「空のデータベース」のファイル名と保存場所を聞かれます。ここでは「SampleData.accdb」というファイル名にしてみました。ファイル名の右側にあるフォルダーのアイコンをクリックすると、保存場所を指定できます。ファイル名と保存場所を指定したら、「作成」をクリックします。

図16　データベースの初期画面

　すると、**図16**のような画面になります。データベースファイルが作成され、それを開いた初期画面です。

　データベースの実体となる、テーブルがすでに1つだけ作られています。「テーブル1」という名前になっていますね。もちろんこのテーブル名は変更可能で、ここからテーブルの詳細を設定したり、テーブルを増やしたり、レポートなどの別のオブジェクトを作成したりして、機能を追加していきます。

図17　作成されたAccesssファイル

　保存場所のフォルダーを見てみると、Accessのファイルが作成されていますね。このデータベースファイルにテーブルやレポート、フォームなどを追加していっても、フォルダー上のファイルはこの1つだけです。

CHAPTER 1

1-5 ナビゲーションウィンドウを中心とした操作～オブジェクトを作り込む

Accessでデータベースを作るには、各オブジェクトを細部まで作り込んでいかなくてはなりません。基本的な画面の見方や、操作体系などを確認しておきましょう。

1-5-1 Access画面の名称

Accessは機能が非常に多いので、先に本書のCHAPTER 6で扱うサンプルを例として、画面の名称を覚えておきましょう。

一番よく使うのは、**ナビゲーションウィンドウ**です。作成したオブジェクトはここへ一覧表示され、オブジェクトの表示、設定などを行う場合にここから選択します。**リボン**では操作コマンドがグループごとに**タブ**で分類されているので、オブジェクトを表示させたあとに、ここから操作したい内容を選びます。

図18 画面の名称

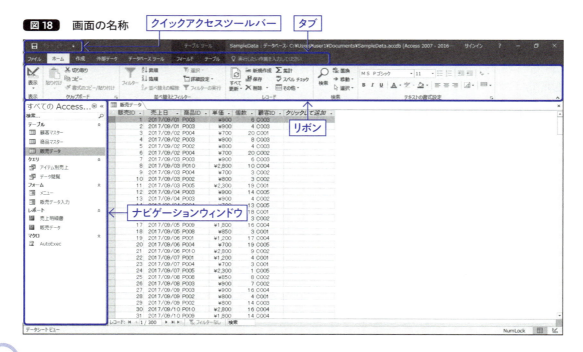

クイックアクセスツールバーは、「上書き保存」「元に戻す」「やり直し」のアイコンがあり、ワンクリックで実行できます。ここへは自分で機能を追加することもできるので、よく使う機能を登録しておくと便利です。

また、Accessを操作していくうえで理解しておきたいのが、ビューという表示モードです。テーブル、クエリ、レポートなどのオブジェクトは、それぞれ複数の表示モードを持っています。オブジェクトによってビューの名称や数が異なりますが、オブジェクトを「閲覧」するモード、「設定」するモード、「操作」するモードなどに分かれており、そのつど自分の目的に応じたビューを選んで使い分けます。

表示モードは、画面一番下の「ステータスバー」の右側で選択できるほか、ナビゲーションウィンドウのテーブル名を右クリック、または「リボン」の「表示」から切り替えることができます。

図19 ビューの切り替え

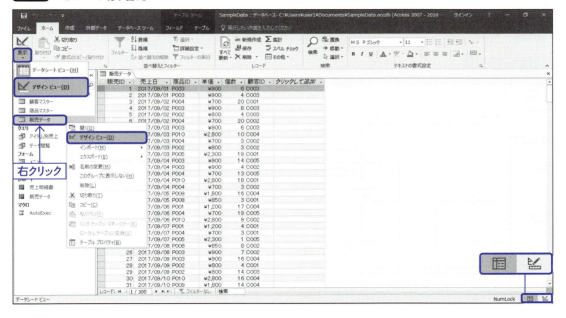

1-5-2 ナビゲーションウィンドウを中心としたアプリケーション

　Accessは、WordやExcelなどのほかのOfficeシリーズのように、画面で見たままの形が完成品になるわけではありません。テーブル、クエリ、レポートなどのオブジェクトが部品となり、そしていくつもの部品が結び付き見えない部分で連動して完成品を表現します。したがって、ナビゲーションウィンドウでそれぞれの部品を選びながら、ひとつずつ細部を作りこんでいくという操作体系となります。

　そのため、あらかじめ具体的な完成像と各オブジェクトの形を決めてからでないと手を動かせないため、「なんとなく」さわって動かして操作を覚えるというのは難しいのです。この部分が、Accessを始めたい人の心理的なハードルになっているのではないかと思いますが、仕組みをきちんと理解しておけば怖いことはありません。

図20 ナビゲーションウィンドウが中心

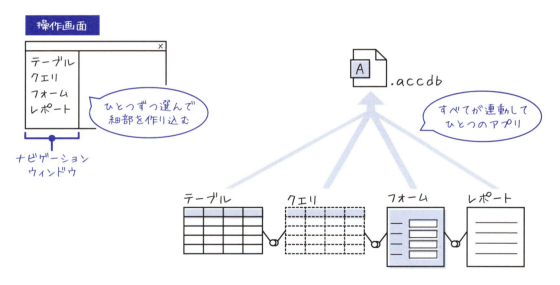

　なお、AccessではマクロやVBAを駆使して非常に高度なアプリケーションを作成することもできますが、本書はAccessを初めて使いたい人へ向けた内容ですので、テーブル、クエリ、レポート、フォームと少しのマクロを使って、極力シンプルな操作でできる基礎レベルのアプリケーション作成を目指します。本書にて土台部分を固めることができたら、ぜひ次のステップへ挑戦してみてください。

テーブル
設計・作成・格納

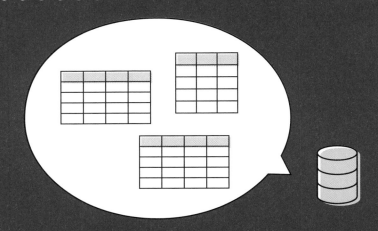

CHAPTER 2

2-1 テーブルの基礎知識
~データベースの核

データベースは、データを収めるテーブルが一番重要です。テーブルの見方や名称などの基礎を学んでいきましょう。ここで解説する用語は、これ以降なんども登場するので、しっかりと覚えておきましょう。

2-1-1 テーブルは表形式でできている

　テーブルは縦割りの表形式になっています。横に並ぶ要素の数と名前を決めて、同じ分類のデータが同じ列に並ぶように、規則的に1行ずつ格納していきます。

　テーブルの仕様を途中で変えてしまうと、それまで収めたデータとの規則性に問題が発生します。また、それまでのデータを新しい仕様に合わせて変更することは非常に困難なので、基本的には最初に決めたら仕様を変えることはできません。そのため、テーブルを作る前にどんなデータがどれだけ必要なのか、入念に洗い出しておかねばなりません。

図1 テーブル

あとから変更するのは大変！

2-1-2 フィールドは、データの要素

テーブルに格納される縦方向のデータを**フィールド**と呼び、1番上に表示される要素の名前を**フィールド名**と呼びます。クエリやレポートなど、ほかのオブジェクトからテーブルのデータを扱いたいときにフィールド名で指定するので、わかりやすい名前にしておきましょう。

図2 フィールド

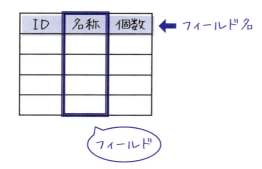

2-1-3 レコードは、データの最小単位

テーブルに格納される横方向のデータを**レコード**と呼びます。Excelの感覚だと、1マスで1データのような気がしてしまうかもしれませんが、Accessではフィールドが1セットになったレコードが、データの最小単位です。すべてのフィールドのうち、1つでも入力ルールが守られていないと、レコードとして登録することができません。

図3 レコード

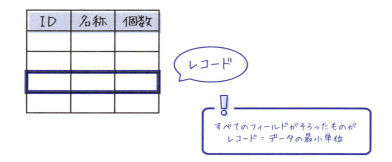

CHAPTER 2

2-2 データ型
〜フィールドには最適な形がある

フィールドを作成するには、フィールド名とデータ型が必要です。フィールドにどんな形のデータを収めるのかを決めておきます。Excelにはない概念ですので、しっかり理解しましょう。

2-2-1 データ型とは

データには、データ型と呼ばれる属性があり、フィールドごとに設定します。

日付を収めたいフィールドには日付のデータ型、数値を収めたいフィールドには数値のデータ型のように、あらかじめデータ型を決めておくことで、その属性のデータしかフィールドに収めることができないので、データの規則性が保たれます。

型を守ってデータが蓄積されていくことによって、そのデータ型に適した形で並び替えなどが素早くできるようになり、検索がしやすくなります。

図4　データ型

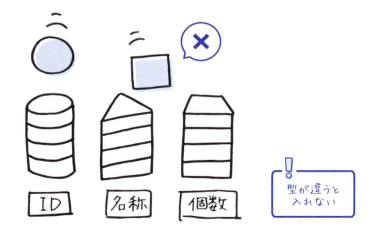

2-2-2 数値型

　数値を扱うためのデータ型です。数値型にもたくさんの種類がありますが、基本的には整数を扱うなら長整数型、小数点以下の数値も含めて扱うなら倍精度浮動小数点型を選択しておきましょう。この2つの型は数値型の中でも扱える桁数が多いため、あとで桁数が足りなくなる心配がありません。

　かつてパソコンの容量が小さかった時代は、システム上でのデータの保管容量を極力小さくするために、桁数が小さい型と桁数が大きい型を使い分けていました。その時代に使われた、桁数が小さいデータ型がAccessにも残っているのですが、現在ではパソコンの容量はとても大きくなったので、節約のために桁数の小さい型を使う必要はありません。

図5 数値型

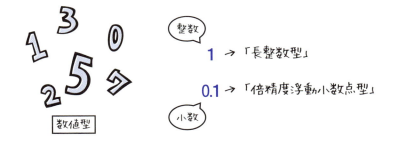

2-2-3 日付／時刻型

　日付と時刻を扱うためのデータ型です。日付と時刻、日付だけ、時刻だけなど、さまざまな書式を選ぶことができます。書式を指定しない場合、「コントロールパネル」の「時計、言語、および地域」の「地域と言語」の「日付（短い形式）」が適用されます。

図6 日付／時刻型

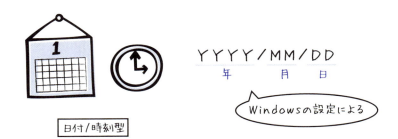

2-2-4 テキスト型

収めるデータが数値にも日付にも当てはまらない場合、テキスト型にしておくのがよいでしょう。「A01」のような、アルファベットと数値が組み合わさったものもテキスト型です。短いテキストと長いテキストという2つの型があり、短いテキストへは最大255文字まで入力することができます。予想されるデータが255文字を超える可能性があるかどうかを検討して、どちらかを選びましょう。

図7 テキスト型

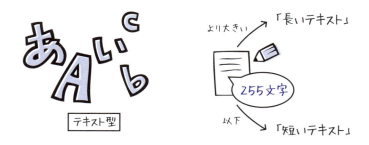

2-2-5 その他の型

データ型はたくさんの種類がありますが、上記以外で主要と思われるものを表1にまとめました。

表1 その他の型

型	内容
オートナンバー型	自動で割り当てられる数値型。レコードを識別する目的で使用される。一度定義したら変更できない
通貨型	各通貨の単位に区切り文字、￥などの表示ができる
Yes／No型	2つのうち「どちらか」という型。チェックボックスのような見た目で操作できる

CHAPTER 2

2-3 テーブルの設計
～作る前が肝心

エクセルのデータをAccessに収めるという操作を通じて、テーブルについての理解を深めましょう。エクセルのサンプルデータを元に、Accessのテーブルにはどんなフィールドが必要なのかを検討し、実際にテーブルの設計を行ってみましょう。

2-3-1 テーブルに必要な要素を考える

CHAPTER 2フォルダーの、data.xlsxという名前のサンプルファイルを開いてみましょう。このデータをAccessのテーブルに収めてみます。

このExcelシートにあるデータをAccessで管理するには、どうしたらよいでしょうか？

データを見てみると（図8）、売上の月ごとでグループになっています。Excelシートのままだと、ひと月ごとの売上情報はわかりやすく感じますが、たとえばアイテムごとの売上などは、データを移動して集計し直さないとわかりません。このデータをAccessへ収めることで、柔軟に集計条件を変更したり、売上が指定金額以上の日付はいつか、などの検索がかんたんにできるようになります。

図8 サンプルデータ (data.xlsx)

まず、Access側で必要なフィールドがなにかを考えましょう。

データは9～11月に分割されていますが、Accessでテーブルを月ごとに分割する必要はありません。むしろ、データを検索するには1つのテーブルにたくさん情報があったほうが便利なので、同じ構造のデータは同じテーブルに収めておきます。

また、計算結果はテーブルには必要ありません。この例なら「単価」と「個数」を掛けた結果が「小計」となっていますが、テーブルには「単価」と「個数」さえあれば、「小計」は必要なときに算出できるので、無駄なデータは持たないようにします。

ところで、「無駄なものは持たない」のだとすると、「単価」は無駄じゃないのでしょうか？ 同じ「商品名」の「単価」がいつでも必ず同じならば、フィールドとして持たなくても問題ありません。ですが、今後もずっと変わらないと、断言できるでしょうか？ 一時的な割引価格などもあり得ます。「単価」は「不定のもの」と考えたほうがよいので、「単価」フィールドは作ることにしましょう。

したがって、このデータを収めるためのテーブルには、「売上日」「商品名」「単価」「個数」の4つのフィールドを作りましょう。

2-3-2 デザインビューとデータシートビュー

この時点で、1-4-2で作成したSampleData.accdbは、図9のようになっているはずです。

図9 Accessの初期画面

最初に、「テーブル1」となっているテーブルに名前を付けて、フィールドを設定していきましょう。「テーブル1」と書いてあるタブ上で右クリックをして、「上書き保存」を選択します（図10）。テーブルの名前を要求されるので、「販売データ」という名前にしてみましょう（図11）。

図10 「上書き保存」をクリック

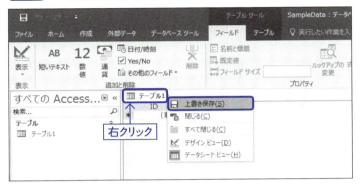

図11 テーブル名の設定

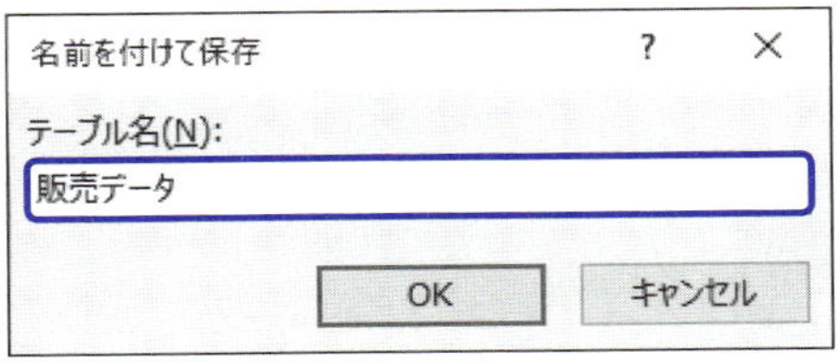

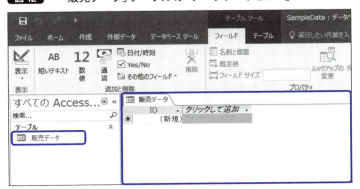

テーブルが保存され、ナビゲーションウィンドウの表示も「販売データ」になりました。

現在見えているのは、「販売データ」テーブルのデータシートビューという表示モードで、テーブルに収められているデータを閲覧・操作する画面です（図12）。Excelのシートに似た、縦横に線が入った表のような形をしています。まだデータがないので、空っぽのままです。

図12 「販売データ」テーブルの「データシートビュー」

CHAPTER 2 テーブル 設計・作成・格納

　データシートビューではフィールドを設定することができないので、表示モードを切り替えましょう。リボンの「表示」から「デザインビュー」を選択してください（図13）。ナビゲーションウィンドウのテーブル名を右クリックして選んでも（図14）、右下のステータスバーから選んでも（図15）、デザインビューに切り替えることもできます。
　この3つのいずれかの方法でデザインビューに切り替えます。

図13　リボンから切り替え

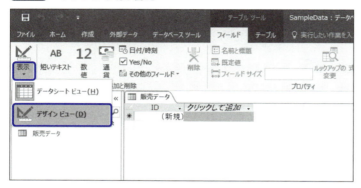

図14　ナビゲーションウィンドウから切り替え

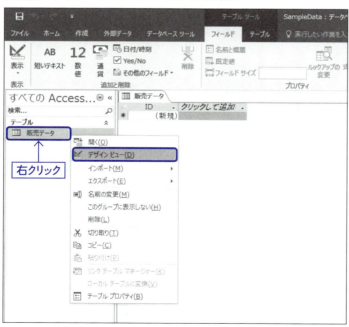

2-3 テーブルの設計〜作る前が肝心

図15 ステータスバーから切り替え

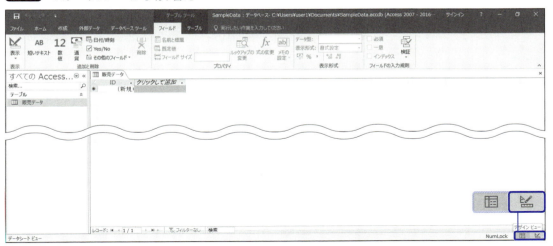

2-3-3 フィールドの設定

　テーブルをデザインビューに切り替えると、図16のような画面になりました。ここで、フィールドを設定することができます。

図16 「販売データ」テーブルのデザインビュー

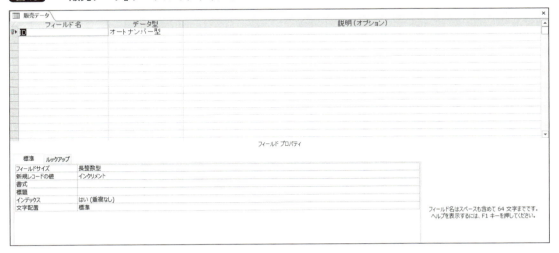

　すでに「ID」というフィールドができていますね。これはテーブル設計で大事な「主キー」というものですが、こちらは**2-4**（P.45）で説明します。先に、「ID」フィールドの下に、必要なフィールドを設定していきましょう。

まずは「売上日」です。「フィールド名」の欄に「売上日」と書き、その隣の「データ型」の欄で「日付／時刻型」を選びます（図17）。

図17 「売上日」フィールドの設定

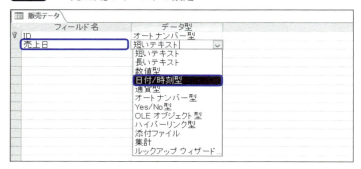

データ型を選択すると、下段の「フィールドプロパティ」が設定できるようになります。日付／時刻型の場合、日付と時刻が一緒になった書式が標準なので、必要があれば目的に合ったものに変更しましょう。ここでは「日付 (S)」を選択します（図18）。

図18 日付／時刻型の書式の設定

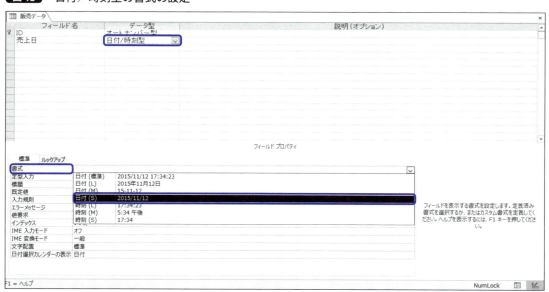

次は「商品名」を追加しましょう。255文字より長い商品名はないと仮定して、データ型は「短いテキスト」を選択します（図19）。

図19 「商品名」フィールドの設定

「単価」は数値型でもよいですが、ここでは通貨型にしてみましょう（図20）。¥マークや区切りが表示され、読みやすくなります。

図20 「単価」フィールドの設定

「個数」は数値型にします（図21）。「数値型」を選ぶと標準で長整数型になるので、このままで構いません。

図21 「個数」フィールドの設定

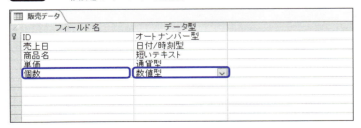

これですべてのフィールドが設定できました。これをデータシートビューに切り替えてみましょう（図22）。テーブルを保存するかとメッセージが表示された場合、「はい」を選択します。

図22 データシートビューに切り替え

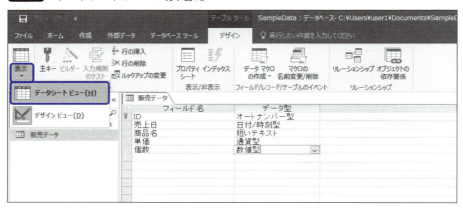

まだ中身は空っぽですが、一番上にフィールド名が設定されました（図23）。

図23 フィールドが設定された

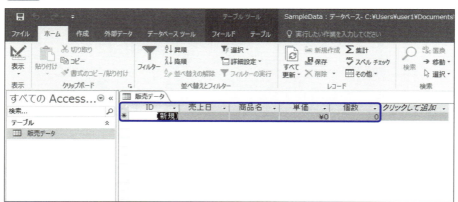

通貨型と数値型は、デフォルトの設定ではデータがない場合、0と表示されます。

CHAPTER 2

2-4 主キーの設定 〜最重要フィールド

テーブルには主キーという、レコードを識別するための特別なフィールドがあります。主キーによく使われるオートナンバー型についても学んでいきましょう。

2-4-1 主キーとは

　ここで、テーブルを作成したときに自動で入っていた「ID」というフィールドについて説明します。

　テーブルの中では、それぞれのフィールドが1セットになった「レコード」が最小単位という説明をしましたが、同じレコードが2つ以上あるのは問題になります。まったく同じレコードが複数存在すると、その内容で検索したときに複数のレコードが一致することとなり、どれが目的のものかわからないからです。

　たとえば、同性同名、同じ性別、同じ年齢の「山田太郎」さんが2人いた場合、レコードの内容は同じでも、別人なので明確に分けて管理しなければなりませんよね。こういったときに必要になるのが**主キー**です。同性同名の人物のレコードに、「ID」というフィールドに違う値を収めておけば、それは違うレコードと判別できるようになります。この例の「ID」のように、ほかのレコードと絶対に一致しない（一意の）フィールドを主キーと呼びます。

図24 レコードの識別のために必要な主キー

なお、「ID」というフィールド名は変更できます。「商品ID」や「社員コード」などのように、テーブルの内容に関連した名前で使われることが多いです。

今回の例では「売上日」「商品名」「単価」「個数」というフィールドを使ったレコードとなりますが、同日に同内容の売上がある場合も十分考えられます。内容は同じでも売上実績としては別件なので、主キーとなる「ID」フィールドを利用して、レコードを識別するための重複しない値を収めていきます。
主キーの設定は、テーブルをデザインビューで開き、フィールドの左端を右クリックすることで設定・解除できます。主キーを設定したフィールドは、同じ値を収めることができなくなります。

図25 主キーの設定

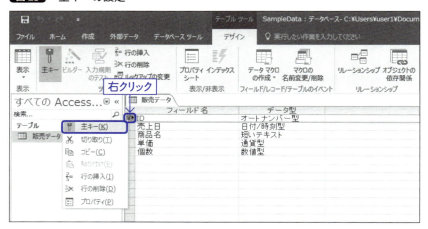

2-4-2 オートナンバー型

オートナンバー型はデータ型のひとつで、主キーによく使われるデータ型です。
主キーはレコードを識別する目的のため、重複する値を持つことができません。さらに原則として、一度使った主キーは変更せず、レコードが削除された場合、そこで使われた主キーは欠番として扱い、再利用してはいけません。主キーを使いまわすと、過去のデータと整合性がとれなくなる恐れがあるためです。
また、主キーは使用頻度が高いため、長い文字列は好ましくありません。短い英数字だと容量が少なく扱いやすいでしょう。この原則を守ってかんたんにIDを付けてくれるのが、オートナンバー型というデータ型です。

オートナンバー型はレコードが作成されるときに重複しない整数を自動で設定してくれて、手動では変更できません。レコードの登録がキャンセルされたり、レコードが削除されたりした場合には欠番となり、同じ数値が振られることもありません。

そのため、運用していくうちに欠番が増えていきますが、それはごく自然なことです。主キーは識別のための単なる記号であり、必要なのは「重複しない」ことだけです。数値の連続性に意味はありません。

図26 オートナンバー型

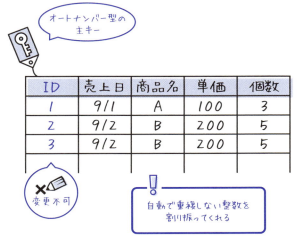

CHAPTER 2

2-5 テーブルと元データの整合性～作成への最初の関門

ExcelのシートにあるデータをAccessに移行しようとしても、そのままでは上手に格納することができないことがほとんどです。Accessにデータを収めるために、Excelのデータを適切な形に直しましょう。

2-5-1 格納するデータを整える

2-3（P.37）で作成したSampleData.accdbの「販売データ」テーブルに、data.xlsxのデータを収めたいのですが、残念ながらこのままのExcelデータでは、不要なフィールドや空セル、結合セルなど、Accessで処理できないものばかりです。このシートを、Accessのテーブルと同じ形に整える必要があります。

図27 修正前のサンプルデータ

左上の三角のマークをクリックして、シート全体を選択します。「ホーム」タブの「クリア」→「書式のクリア」を選択します（図28）。これで、不要な書式が解除されます。

2-5 テーブルと元データの整合性～作成への最初の関門

図28 「書式のクリア」をクリック

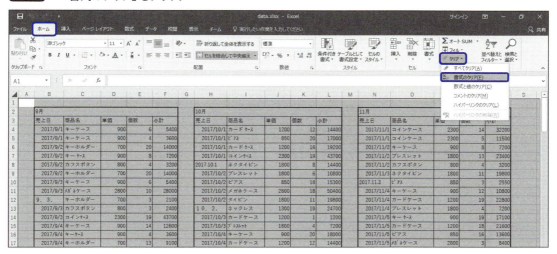

ほかにも、グラフや図形、フォントやセルの色などAccessに収められないものは、すべて削除や解除を行ってください。次に、空セルと「月」と「小計」の不要なデータや、余分な空の行（1行目）や空の列（A列）を削除します。書式をクリアした結果、「売上日」フィールドが数字表記（シリアル値）になってしまった場合、「売上日」の列を選んで「表示形式」を「短い日付形式」に設定しておきましょう。図29のようになります。

図29 不要な書式とデータを削除した

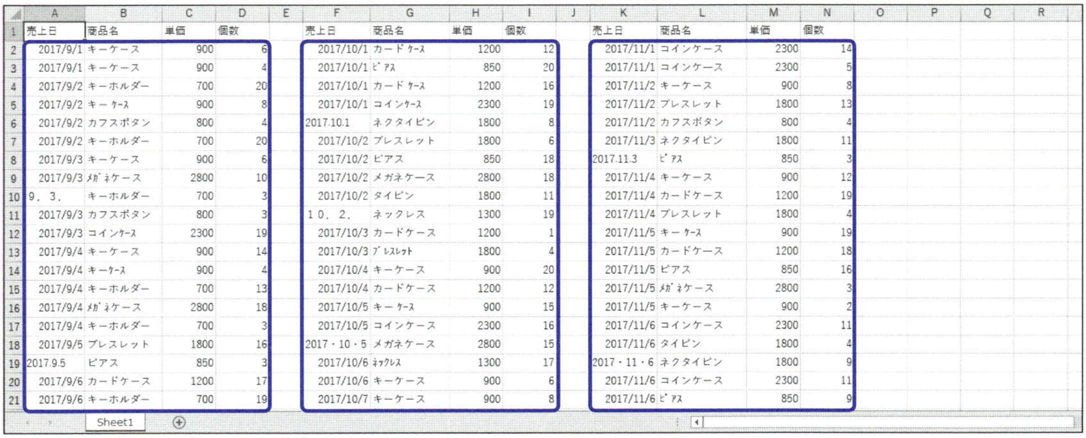

複数の列にわたってデータが分割されていると正常に取り込めないので、F～I列、K～N列をそれぞれA～D列の下にコピーします。フィールド名は不要なので、2行目以降のデータのみコピーしてください。

CHAPTER 2 テーブル 設計・作成・格納

コピーしたら、E列以降を削除し、**図30**のような形にします。

図30 分割されていたデータを1つにした

	A	B	C	D
1	売上日	商品名	単価	個数
2	2017/9/1	キーケース	900	6
3	2017/9/1	キーケース	900	4
4	2017/9/2	キーホルダー	700	20
5	2017/9/2	キーケース	900	8
6	2017/9/2	カフスボタン	800	4
7	2017/9/2	キーホルダー	700	20
8	2017/9/3	キーケース	900	6
9	2017/9/3	メガネケース	2800	10
10	9．3．	キーホルダー	700	3
11	2017/9/3	カフスボタン	800	3
12	2017/9/3	コインケース	2300	19
13	2017/9/4	キーケース	900	14
14	2017/9/4	キーケース	900	4
15	2017/9/4	キーホルダー	700	13
16	2017/9/4	メガネケース	2800	18
17	2017/9/4	キーホルダー	700	3
18	2017/9/5	ブレスレット	1800	16
19	2017.9.5	ピアス	850	3
20	2017/9/6	カードケース	1200	17
21	2017/9/6	キーホルダー	700	19

（E列以降：削除）

これで、Accessのテーブルと同じ形ができました。

なお、主キーである「ID」は、Excel側では必要ありません。このフィールドはオートナンバー型なので、Access上で自動で番号を振ってくれます。

2-5-2 データの表記を統一する

さて、ExcelのデータがAccessのテーブルと同じ形にはなりましたが、これではまだ不十分です。

1-3（P.23）で説明したように、データはまったく同じ形でないと、同じ要素として判断されません。一見しただけでも「キーケース」「キーケース」などのように全角と半角が混ざっていて、このままAccessに取り込んでも信頼性の高い集計はできません。また、「売上日」フィールドに「日付型」と判断されないものも混ざっています。これも訂正しておかないと、正常に取り込めません。

まずは日付を修正しましょう。A列をよく見ると、右に寄っているものと左に寄っているものがありますね（**図30**）。Excelは、セルの横位置の配置が「標準」になっている場合、「日付」「数値」は右詰めに、「テキスト」は左詰めになるという特徴があります。

つまり、A列で左詰めになっているものは「日付型」ではないと判断されているので、左詰めのものに注目して、データを修正します（**図31**）。

図31 日付を修正した

次に「商品名」の表記を統一します。半角と全角が混ざっているので、Excelの関数を使って修正しましょう。F2セルに「=JIS(B2)」と入力します（**図32**）。これは、B2セルの文字列を全角に変換するという意味です。

図32 半角を全角へ変換する関数

CHAPTER 2 テーブル　設計・作成・格納

このセルを、オートフィル機能を使ってデータのある一番下の行まで数式をコピーします（図33）。

図33 オートフィルで数式をコピーした結果

	A	B	C	D	E	F	G	H	I
1	売上日	商品名	単価	個数					
2	2017/9/1	キーケース	900	6		キーケース			
3	2017/9/1	キーケース	900	4		キーケース			
4	2017/9/2	キーホルダー	700	20		キーホルダー			
5	2017/9/2	キーケース	900	8		キーケース			
6	2017/9/2	カフスボタン	800	4		カフスボタン			
7	2017/9/2	キーホルダー	700	20		キーホルダー			
8	2017/9/3	キーケース	900	6		キーケース			
9	2017/9/3	メガネケース	2800	10		メガネケース			
10	2017/9/3	キーホルダー	700	3		キーホルダー			
11	2017/9/3	カフスボタン	800	3		カフスボタン			
12	2017/9/3	コインケース	2300	19		コインケース			
13	2017/9/4	キーケース	900	14		キーケース			
14	2017/9/4	キーケース	900	4		キーケース			
15	2017/9/4	キーホルダー	700	13		キーホルダー			
16	2017/9/4	メガネケース	2800	18		メガネケース			
17	2017/9/4	キーホルダー	700	4		キーホルダー			
18	2017/9/5	ブレスレット	1800	16		ブレスレット			
19	2017/9/5	ピアス	850	3		ピアス			
20	2017/9/6	カードケース	1200	17		カードケース			
21	2017/9/6	キーホルダー	700	19		キーホルダー			

すると、B列の文字列が全角に変換されたデータがF列に作成されるので、この状態でコピーします。そして、B2セルを右クリックし「値」を選択して貼り付けることで（図34）、F列をB列にコピーします。これで、「商品名」がすべて全角になりました（図35）。なお、間違えないよう、F列は削除してしまいましょう。

図34 「値」を選択して貼り付け

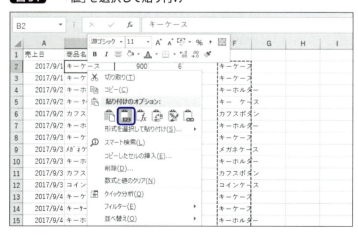

図35 データを上書きした

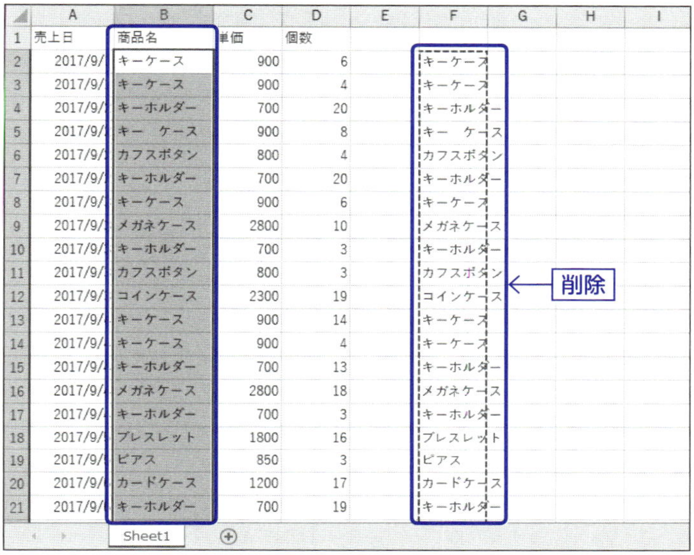

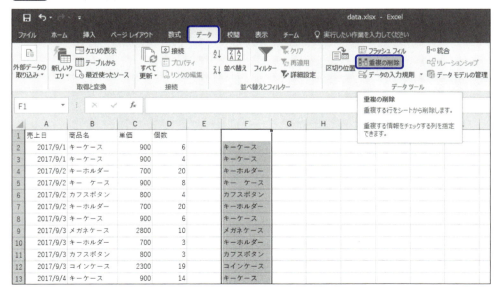

ちゃんと統一できたかどうか確かめてみましょう。B2セル以降のデータの入ったB列のセルを任意の列（F列とします）にコピーしてから、列番号をクリックしてF列を選択します。この状態で「データ」タブの「重複の削除」をクリックします（図36）。

図36 「重複の削除」をクリック

CHAPTER 2　テーブル　設計・作成・格納

　選択されているF列にチェックが入っていることを確認し、「OK」をクリックすると（図37）、一意の値（重複しない値）が19個残っているというメッセージが表示されます（図38）。

図37　「重複の削除」のウィンドウ

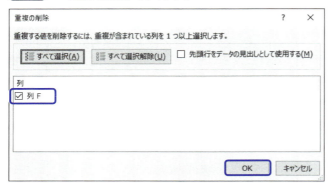

図38　削除後のメッセージ

　見やすくするために並べ替えも行います。「データ」タブの「並べ替え」をクリックします（図39）。「並べ替え」のウィンドウが表示されるので、「最優先されるキー」にF列が選択されていることを確認し、「OK」をクリックします（図40）。

図39　「並べ替え」をクリック

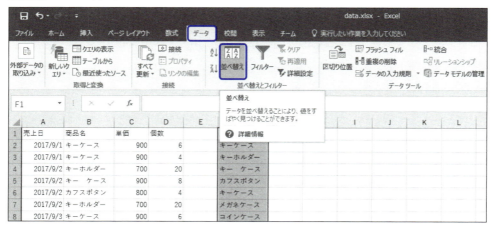

図40 「並べ替え」のウィンドウ

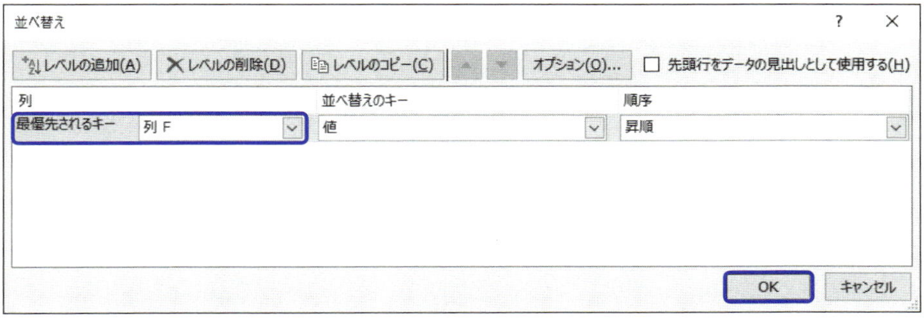

結果、**図41**のようになり、空白セルを除いて18個の要素があることがわかりました。

図41 重複の削除と並べ替えを行ったデータ

実は「商品名」の要素は10個が正解なのですが、18個の要素があるということは、まだ表記が統一しきれていないということです。なにが違うのか観察してみると、「カード　ケース」「カードケース」など、スペースの有無で違う要素になってしまっています。一見同じに見える要素にも、末尾にスペースが入っているものがあります（**図42**）。

CHAPTER 2　テーブル　設計・作成・格納

図42　末尾のスペースは要注意

	A	B	C	D	E	F
1	売上日	商品名	単価	個数		カード　ケース
2	2017/9/1	キーケース	900	6		カードケース
3	2017/9/1	キーケース	900	4		カフスボタン
4	2017/9/2	キーホルダー	700	20		キー　ケース
5	2017/9/2	キー　ケース	900	8		キーケース
6	2017/9/2	カフスボタン	800	4		キーケース
7	2017/9/2	キーホルダー	700	20		キーホルダー
8	2017/9/3	キーケース	900	6		コイン　ケース
9	2017/9/3	メガネケース	2800	10		コインケース
10	2017/9/3	キーホルダー	700	3		コインケース
11	2017/9/3	カフスボタン	800	3		タイピン
12	2017/9/3	コインケース	2300	19		ネクタイピン
13	2017/9/4	キーケース	900	14		ネックレス
14	2017/9/4	キーケース	900	4		ピアス
15	2017/9/4	キーホルダー	700	13		ブレスレット

　F列を再度削除し、今度はF2セルに「=SUBSTITUTE(B2," ","")」と入力してオートフィルでコピーします。この関数は「B2（対象セル）」の「　」（スペース）を「""」（なし）に置き換えます（**図43**）。位置は問わないので、これで間に入っているスペースと末尾のスペース、両方を取り除くことができます。スペースにも半角と全角があるので、SUBSTITUTE関数もそれぞれ実行してください。

図43　スペースを取り除く

F2　=SUBSTITUTE(B2," ","")

	A	B	C	D	E	F
1	売上日	商品名	単価	個数		
2	2017/9/1	キーケース	900	6		キーケース
3	2017/9/1	キーケース	900	4		キーケース
4	2017/9/2	キーホルダー	700	20		キーホルダー
5	2017/9/2	キー　ケース	900	8		キーケース
6	2017/9/2	カフスボタン	800	4		カフスボタン
7	2017/9/2	キーホルダー	700	20		キーホルダー
8	2017/9/3	キーケース	900	6		キーケース
9	2017/9/3	メガネケース	2800	10		メガネケース
10	2017/9/3	キーホルダー	700	3		キーホルダー
11	2017/9/3	カフスボタン	800	3		カフスボタン
12	2017/9/3	コインケース	2300	19		コインケース
13	2017/9/4	キーケース	900	14		キーケース
14	2017/9/4	キーケース	900	4		キーケース
15	2017/9/4	キーホルダー	700	13		キーホルダー

　ほかにも、「タイピン」と「ネクタイピン」のように、同じ商品なのに違う名称になっているものもあります。この表記も統一する必要があります。ただし、「タイピン」と「ネクタイピン」どちらに統一するかが重要です。「タイピン」に統一したい場合は「ネクタイピン」を「タイピン」に置換してやればよいですが、「ネクタイピン」に統一したい場合は、このままの状態で「タイピン」を「ネクタイピン」に置換してもうまくいきません。

変換したい文字列にのみ作用させるキーワードを使って置換させないと、**図44**のように意図しない結果になってしまいます。

図44 文字列を置換するときの注意

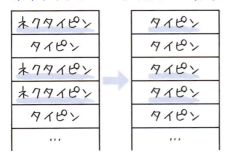
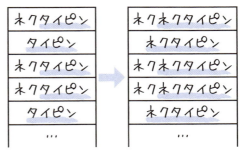

今回のような場合は、いったんすべて「タイピン」に統一したのち（**図45**）、

図45 いったん「タイピン」に統一

あらためて「ネクタイピン」に置換するとよいでしょう（**図46**）。

CHAPTER 2 テーブル　設計・作成・格納

図46　「ネクタイピン」に置換

	A	B	C	D	E	F	G	H	I
127	2017/10/9	カードケース	1200	3		カードケース			
128	2017/10/9	キーホルダー	700	9		キーホルダー			
129	2017/10/9	ネックレス	1300	6		ネックレス			
130	2017/10/9	タイピン	1800	1		ネクタイピン			
131	2017/10/10	タイピン	1800	14		ネクタイピン			
132	2017/10/10	タイピン	1800	15		ネクタイピン			
133	2017/10/11	カフスボタン	800	3		カフスボタン			
134	2017/10/11	ブレスレット	1800	14		ブレスレット			
135	2017/10/12	ピアス	850	15		ピアス			
136	2017/10/12	ブレスレット	1800	1		ブレスレット			
137	2017/10/12	カードケース	1200	19		カードケース			
138	2017/10/13	メガネケース	2800	13		メガネケース			
139	2017/10/13	メガネケース	2800	18		メガネケース			
140	2017/10/14	ネックレス	1300	8		ネックレス			
141	2017/10/14	カフスボタン	800	14		カフスボタン			
142	2017/10/14	カフスボタン	800	18		カフスボタン			
143	2017/10/15	タイピン	1800	2		ネクタイピン			

　さきほどと同じ要領で、B列のコピーを重複の削除と並び替えを行ってみると、要素が10個になりました（**図47**）。これで表記の統一が完了しました。

図47　重複が削除された

	A	B	C	D	E	F	G	H
1	売上日	商品名	単価	個数		カードケース		
2	2017/9/1	キーケース	900	6		カフスボタン		
3	2017/9/1	キーケース	900	4		キーケース		
4	2017/9/2	キーホルダー	700	20		キーホルダー		
5	2017/9/2	キーケース	900	8		コインケース		
6	2017/9/2	カフスボタン	800	4		ネクタイピン		
7	2017/9/2	キーホルダー	700	20		ネックレス		
8	2017/9/3	キーケース	900	6		ピアス		
9	2017/9/3	メガネケース	2800	10		ブレスレット		
10	2017/9/3	キーホルダー	700	3		メガネケース		
11	2017/9/3	カフスボタン	800	3				
12	2017/9/3	コインケース	2300	19				
13	2017/9/4	キーケース	900	14				
14	2017/9/4	キーケース	900	4				
15	2017/9/4	キーホルダー	700	13				
16	2017/9/4	メガネケース	2800	18				
17	2017/9/4	キーホルダー	700	3				

　今回解説した方法などを使って、取り込むデータを表記の統一もれのない状態にしてから、Accessに取り込みます。アルファベットなどでは半角・全角のほかに大文字・小文字も統一しなければなりません。**表2**に表記を統一する関数を挙げます。

表2 表記を統一する関数の例

関数	内容
=ASC(対象セル)	全角を半角へ
=JIS(対象セル)	半角を全角へ
=UPPER(対象セル)	小文字を大文字へ
=LOWER(対象セル)	大文字を小文字へ
=SUBSTITUTE(対象セル,検索文字列,置換文字列)	特定の文字列を置換

　また、Accessへ取り込むためのExcelシートは、必要なデータ以外は確実に削除しておくのが大切です。今回、データがあった場所や数式を使ったE列以降は、Delete キーでセルをクリアするのではなく、右クリックから「削除」を選択して列を削除してください。

　Delete キーでクリアしただけでは、Accessは「データが存在した形跡がある」と判断して空データを取り込んでしまう場合があります。

CHAPTER 2

2-6 データのインポート
~元データを読み込む

データを適切な形にしたExcelシートや、CSVファイルのデータをAccessに取り込む方法を学びます。取り込んだデータを使ってAccessデータベースを作成していきます。

2-6-1 Excelファイルのインポート

　Accessとは別のアプリケーションで作成したデータを取り込むことをインポートと呼びます。それではAccessを使って、2-5で整えたExcelのシートをインポートしてみます。Excelファイルは閉じておいてください。

　また、Accessのテーブルが開いているとインポートできないので、テーブル名のタブを右クリックして「閉じる」を選んで、テーブルを閉じておきます（図48）。

図48 テーブルを閉じる

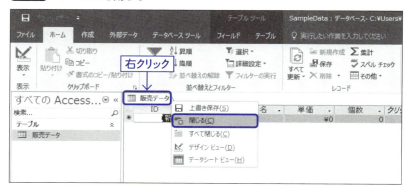

　ナビゲーションウィンドウのテーブルを右クリックし、「インポート」「Excel」を選びます（図49）。

2-6 データのインポート〜元データを読み込む

図49 Excel ファイルのインポート

2-5で整えたExcelファイル（data.xlsx）を指定し、保存先に「レコードのコピーを次のテーブルに追加する」を選び、テーブル名を「販売データ」とします（図50）。

図50 インポート元とインポート先の指定

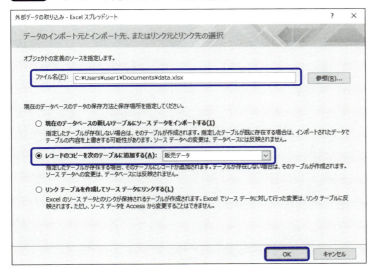

ExcelシートとAccessテーブルの整合性がとれていれば、図51のような状態になり、特に問題なく進めます。「次へ」をクリックします。図52の画面が出たら「完了」をクリックして、インポートは終了です。

図51 「次へ」をクリック

図52 インポートの完了

　インポートを終えると**図53**のようなウィンドウが現れます。今回は保存しませんが、もしもこのExcelファイルから「販売データ」テーブルへ、繰り返し同じ内容のインポートを行う必要がある場合は、「インポート操作の保存」にチェックを入れておくと便利です。

図53 インポートの保存を行うことができる

　ウィンドウを閉じて、インポートされたデータを確認してみましょう。ナビゲーションウィンドウで「販売データ」テーブルを右クリックして「開く」を選択すると（**図54**）、データシートビューでテーブルが開きます。テーブルをデータシートビューで開きたい場合は、ダブルクリックでも開けます。

図54 テーブルを開く

　データシートビューで開くと、Excelのシートに作ったデータが、それぞれのフィールドに収められているのが確認できます（**図55**）。

図55　データシートビューでデータを確認

ID	売上日	商品名	単価	個数	クリックして追加
1	2017/09/01	キーケース	¥900	6	
2	2017/09/01	キーケース	¥900	4	
3	2017/09/02	キーホルダー	¥700	20	
4	2017/09/02	キーケース	¥900	8	
5	2017/09/02	カフスボタン	¥800	4	
6	2017/09/02	キーホルダー	¥700	20	
7	2017/09/03	キーケース	¥900	6	
8	2017/09/03	メガネケース	¥2,800	10	
9	2017/09/03	キーホルダー	¥700	3	
10	2017/09/03	カフスボタン	¥800	3	
11	2017/09/03	コインケース	¥2,300	19	
12	2017/09/04	キーケース	¥900	14	
13	2017/09/04	キーケース	¥900	4	
14	2017/09/04	キーホルダー	¥700	13	
15	2017/09/04	メガネケース	¥2,800	18	
16	2017/09/04	キーホルダー	¥700	3	
17	2017/09/05	ブレスレット	¥1,800	16	
18	2017/09/05	ピアス	¥850	3	
19	2017/09/06	カードケース	¥1,200	17	
20	2017/09/06	キーホルダー	¥700	19	
21	2017/09/06	メガネケース	¥2,800	9	
22	2017/09/07	カードケース	¥1,200	4	
23	2017/09/07	キーホルダー	¥700	3	
24	2017/09/07	コインケース	¥2,300	1	
25	2017/09/08	ピアス	¥850	8	
26	2017/09/08	キーケース	¥900	7	
27	2017/09/09	キーケース	¥900	16	
28	2017/09/09	カフスボタン	¥800	4	
29	2017/09/09	カフスボタン	¥800	14	
30	2017/09/10	メガネケース	¥2,800	16	
31	2017/09/10	ブレスレット	¥1,800	14	

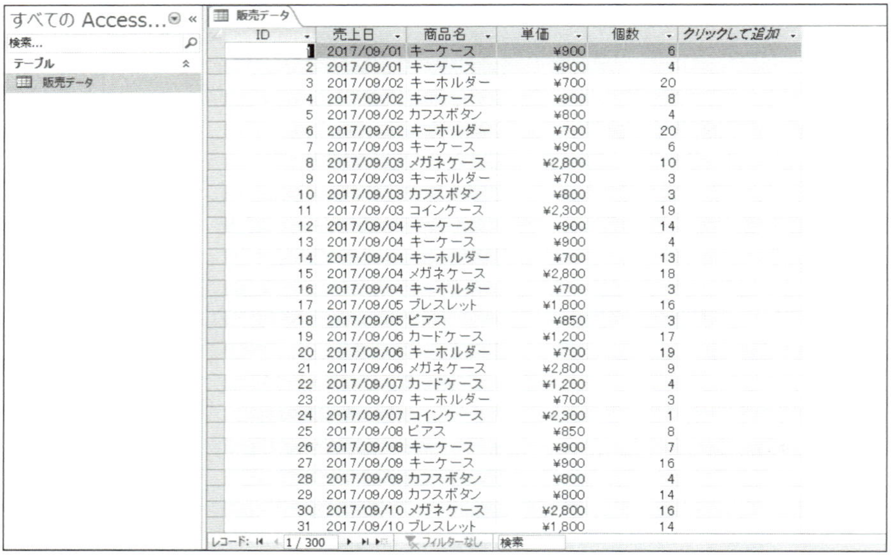

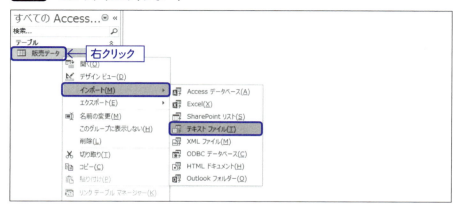

2-6-2 CSVファイルのインポート

データベースでは、CSVという拡張子のファイルを扱うことも多いと思います。CHAPTER 2フォルダーのBefore1フォルダーにあるdata.csvを使って、CSVファイルのインポートを体験することができます。またdata.csvファイルをインポートするために同じフォルダーにSampleData2.accdbファイルを用意してあるので、このファイルを開いてCSVファイルのインポートを体験してみましょう。

さきほどと同様に、ナビゲーションウィンドウのテーブルを右クリックし、今回は「インポート」「テキストファイル」を選びます（図56）。

図56　CSVファイルのインポート

CSVファイルを指定し、保存先に「レコードのコピーを次のテーブルに追加する」を選び、テーブル名を「販売データ」とします（図57）。続いて「次へ」をクリックします（図58）。

図57　インポート元とインポート先の指定

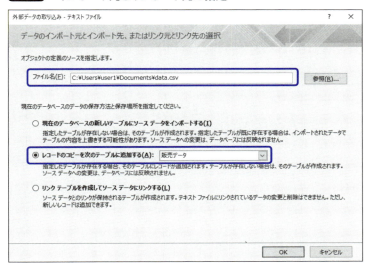

図58　「次へ」をクリック

次にフィールドの区切り記号を選択します。Accessが自動で区切りを判別して、記号を選択してくれますが、異なる場合は訂正します。今回のサンプルはフィールドの区切り記号は「カンマ」で、

テキストの区切り記号は「なし」です。サンプルデータにはフィールド名が含まれているので、「先頭行をフィールド名として使う」にチェックを入れます（図59）。

図59 区切り記号の選択

完了の画面などはExcelのインポートと同じです。完了したら、データシートビューでテーブルを開くことで、データを確認できます。

CHAPTER 2

2-7 データシートビュー
～データを操作する

テーブルにデータがインポートされたら、データシートビューでデータを操作することができます。まずは追加・更新・削除という基本的な使い方を覚えましょう。

2-7-1 レコードの追加

新しいレコードを追加したい場合は、「ホーム」タブの「新規作成」をクリックすることでレコードの一番下の「新規」行に移動できるので、ここへ直接データを入力します（図60）。どこか1つフィールドを入力すると、オートナンバーである「ID」に自動で番号が入ります（図61）。

図60 「新規」の行にデータを入力する

図61 オートナンバーが振られた

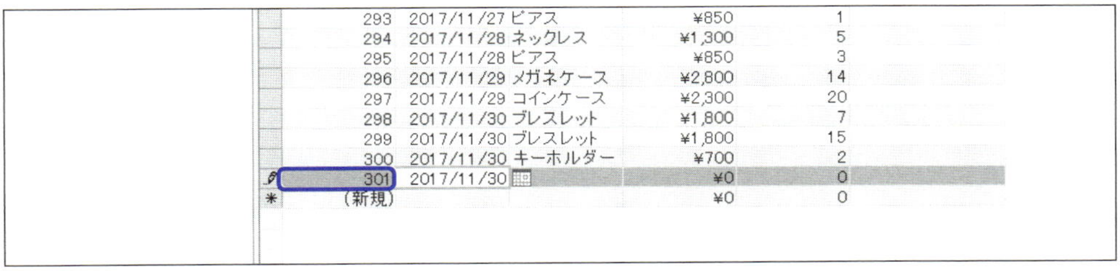

2-5（P.48）でデータの表記を統一したのに、ここで間違った表記で入力してしまっては意味がないので、十分注意してください。**CHAPTER 4**では、データ表記を間違えないための対策も解説します。

2-7-2 レコードの更新

登録されたレコードのデータを変更することを、データベースの用語では更新と呼びます。1つのフィールドを選択して、データを上書きします（図62）。レコードの一番左に鉛筆マークが出ている間は、「元に戻す」アイコンをクリックするか Esc キーを押すと、データを元に戻せます。「ホーム」タブの「保存」をクリックまたはレコードを移動すると鉛筆マークが消え、レコードの更新が確定します。

図62 レコードの更新

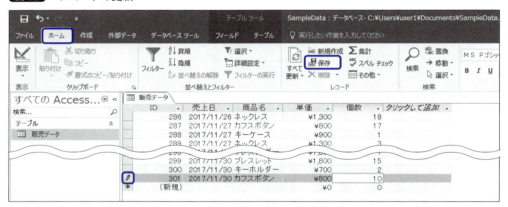

2-7-3 レコードの削除

データベースでは、レコードがデータの最小単位なので、不要なデータはレコードごと削除します。図63のように、レコードの左端を右クリックして、「レコードの削除」を選択します。または、「ホーム」タブの「削除」をクリックしても同じ操作ができます。

図63 「レコードの削除」を選択

CHAPTER 2

2-8 運用に関する注意
〜データベースは組織の重要な財産

データベースはデータを収めただけで終わりではありません。Accessで
データベース運用を始める前に、その特徴や知っておくべきポイントなど
をおさえておきましょう。

2-8-1 Accessの特徴を理解する

　本格的なデータベースシステムでは、専用サーバーとネットワークを利用することが一般的です。それと比較すると、Accessはサーバーを用意する必要がなく、1台のパソコンからでも手軽に、しかも低コストで導入できるため、データベースを始めてみたい方にはおすすめのソフトです。

　しかし手軽なゆえに制限があり、あくまで個人または小規模な業務向けの製品です。ネットワーク上にaccdbファイルを置けば数台で共有して使うことも不可能ではありませんが、多人数が同時アクセスして使用するような使い方は想定されていません。

　また、Accessではデータの上限は2GBとされています。テキストデータのみで小〜中規模程度のシステムならばそんなに容量を気にする必要はありませんが、想定されるデータの規模や使用人数とAccessの特徴を照らし合わせたうえで、導入の検討を行いましょう。

図64 Accessは小〜中規模のシステム向け

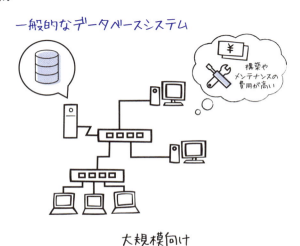

2-8-2 二重化の防止

データベースは、最新で正しいデータは必ずそこにしかない、という信頼性が大事です。

特に複数人で運用する際、くれぐれも個人が別の手段でデータ管理を行わないようにしなければなりません。データベースに入力されているデータ以外に、個人が最新のデータを持っているような状態にならないよう、使用者全員の認識の徹底、ルールの制定、必要ならばそれが守られているか定期的にチェックする体制も設けましょう。

Excelで管理していたものをAccessに移行したならば、Accessにあるものが「マスターデータ」で、Excelにあるものはすべて「コピー」または「参考データ」である、という認識を徹底しましょう。

図65 マスターデータは1つだけ

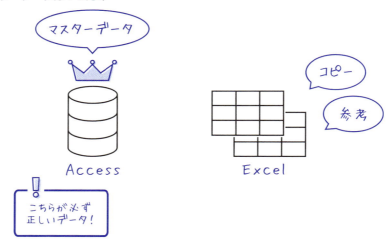

2-8-3 最適化と修復

データベースのファイルは、中のデータを削除しても自動ではファイル容量が小さくならないという特徴があります。

これは、レコードやクエリなどのオブジェクトが追加されるときに必要な領域を確保し、削除されたときにデータ自体は消えても、その領域が自動では解放されないからです。

そのため、使い続けると不要な領域があちこちにできてファイル容量が肥大化し、状況によってはファイルが破損する事態も起こり得るのです。そうならないために「最適化と修復」を定期的に実行し、不要な容量の解放と破損の予防を行いましょう。

図66 最適化と修復

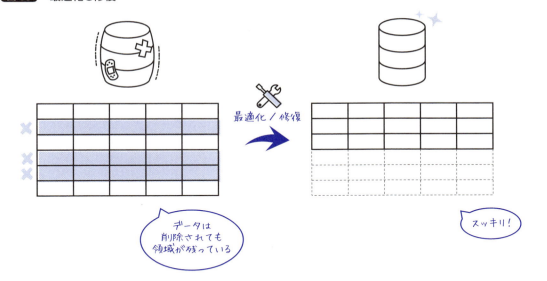

　方法はかんたんで、オブジェクトがすべて閉じている状態で、「ファイル」タブをクリックし、「情報」の「データベースの最適化／修復」をクリックするだけで（**図67**）、Accessが自動で行ってくれます。

図67 「最適化と修復」をクリック

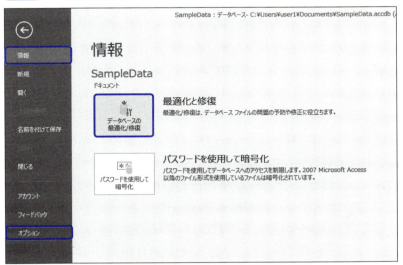

　また、**図67**の画面で「オプション」をクリックし、「現在のデータベース」の「閉じるときに最適化する」という項目にチェックを入れることで（**図68**）、自動で最適化を行うこともできます。

図68 自動で最適化を行う設定

2-8-4 バックアップ

　データベースは、さまざまなデータ利用のための情報源であり、組織の重要な財産です。データをExcelなどに取り出していくら手を加えても元データには影響を及ぼさないので、データの保全性が高まり、検索・集計なども効率的になるので、正しく使うことができれば生産性は大幅に向上することでしょう。

　ただし、信頼性の高い情報源であるということは、替えが利かないということでもあります。財産であるデータベースが破損、消失してしまったら大変な損害です。そのデータベースが保存されているパソコン自体の破損も十分考えられます。その対策のために、使用するパソコンとは別のハードディスクなどに、定期的にファイルの複製を作っておきましょう。これを「バックアップ」と呼びます。

　頻繁に更新されるデータベースならば、バックアップツールを利用して、自動的に毎日決まった時間に外部へバックアップを作成することをお勧めします。また、バックアップファイルは数日から数週間分残しておくと、ファイルが破損した時だけでなく、間違いが発覚したときなどにどこまでが正しいデータなのかを特定して、そのファイルへ戻ることができます。

図69 データベースファイルは必ずバックアップ

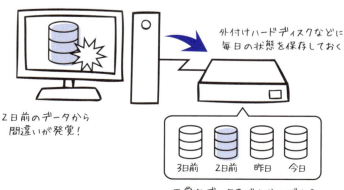

CHAPTER 3

クエリ
データの検索・抽出・再計算

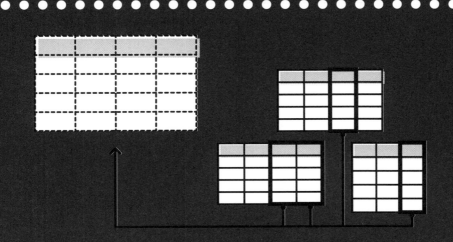

CHAPTER 3

クエリの基本
〜テーブルから必要なデータの抽出

1-2-2（P.20）で説明した、テーブルのデータを利用して抽出や集計を行うクエリというオブジェクトの具体的な使い方について学んでいきます。クエリは大きく分けて2種類あります。

3-1-1　選択クエリ

「クエリ」にも種類があるのですが、一番よく使うのが選択クエリです。その名の通り、任意のテーブルの好きなフィールドだけを「選択」して、好きなように並べることができます。データベースのテーブルは、フィールドに関して厳しい規則性が要求されますが、レコードの「並び順」は重視されません。テーブルは、「データの格納」が目的なので、それぞれのレコードにデータが正しく収められていれば、それでOKなのです。

「並び順」はテーブルではなく、クエリの仕事となります。クエリを使うと、ただデータが格納されているだけのテーブルから、好きなフィールドを選択して、数値や日付の古い順、新しい順などに並び替えて、抽出することができます。

図1 選択クエリ

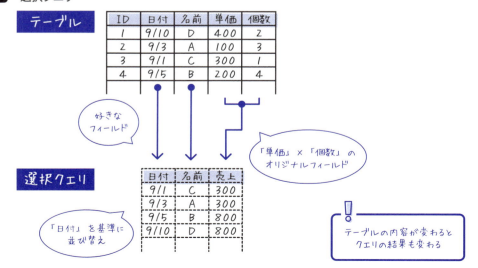

「特定の商品だけ」のようにフィールドに条件を付けたり、「単価」×「個数」のようにフィールドを掛け合わせた独自フィールドを作ったり、特定の年月だけを取り出したりなど、さまざまな条件を付けて、テーブルのデータを利用します。

3-1-2 アクションクエリ

クエリのうち、テーブルになんらかの変更を加えるものを**アクションクエリ**と呼び、複数のレコードに対して特定の動作を実行することができます。

テーブルにレコードを追加したり、特定の条件に一致するフィールドをすべて書き換えたり、削除したりという作業がかんたんに行えるので、たくさんのレコードを一度に操作したいときに便利なクエリです。

ただし、一度実行した動作は元に戻せないので、変更前のデータのバックアップがあるかどうかを確認してから、慎重に行う必要があります。

図2 アクションクエリ

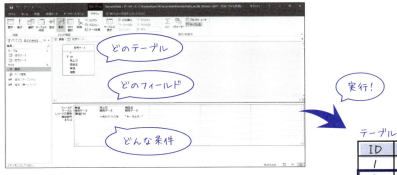

CHAPTER 3

3-2 クエリのデザインビュー
～任意のフィールドを選択

CHAPTER 2で作成したテーブルのデータを使って、選択クエリで好きなフィールドのみを抽出してみましょう。クエリのデザインビューの使い方を解説します。

3-2-1 選択クエリの作成

SampleData.accdbを開き、リボンの「作成」タブの「クエリデザイン」をクリックします(図3)。「テーブルの表示」というウィンドウが開き、すでに「販売データ」テーブルが選択されている状態なので(図4)、「追加」をクリックし、続けて「閉じる」をクリックして、このウィンドウを閉じます。

図3 「クエリデザイン」を選択

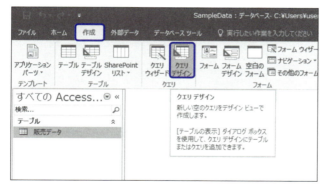

図4 「追加」をクリック

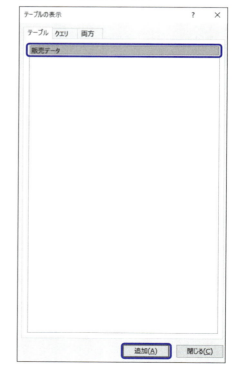

すると、図5のような画面になりました。先ほど選択したテーブルが上側に表示されています。リボンを見てみると、「クエリツール」の「選択」という部分がアクティブになっています。また、ステータスバーの右下は、現在の表示モードがデザインビューであることを表しています。つまり、現在の画面は選択クエリのデザインビューです。ここで、選択クエリの設定を行うことができます。

図5 選択クエリのデザインビュー

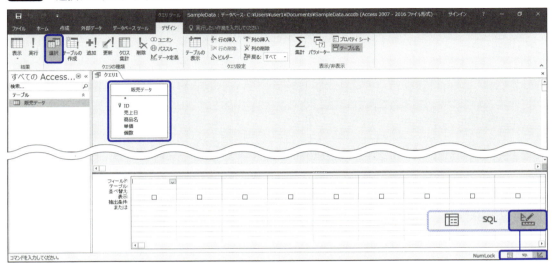

このテーブルの「売上日」フィールドをダブルクリックしてみましょう。画面下のデザイングリッドと呼ばれる部分に「売上日」が表示されました（図6）。このデザイングリッドを使って、テーブルから抽出するデータに関する設定を行います。

図6 「売上日」が表示された

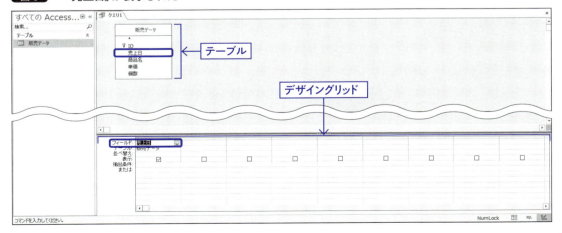

CHAPTER 3 クエリ データの検索・抽出・再計算

同じように、「商品名」フィールドと「個数」フィールドもデザイングリッドに追加してみましょう。フィールドの追加は、フィールドをデザイングリッドにドラッグしても追加することができます（**図7**）。

図7 「商品名」と「個数」を追加

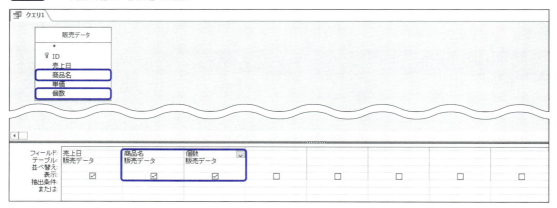

次に、「個数」フィールドの「並べ替え」を「降順」にしてみましょう（**図8**）。こうすると、クエリを実行したときに、売上個数が多い順に並んで表示されることになります。

図8 「並べ替え」を「降順」に設定

このクエリを保存します。「クエリ1」という名称になっているタブを右クリックし、「上書き保存」をクリックします（**図9**）。

図9 「上書き保存」をクリック

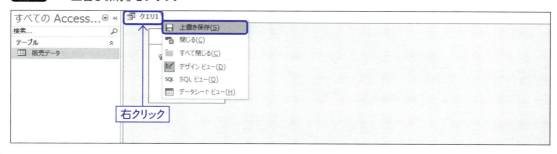

クエリ名を「データ閲覧」という名前にしてみます（図10）。クエリを保存すると、ナビゲーションウィンドウに「クエリ」という新しい項目が作成され、新たに「データ閲覧」という選択クエリのオブジェクトが作成されました（図11）。

図10 「データ閲覧」という名前で保存

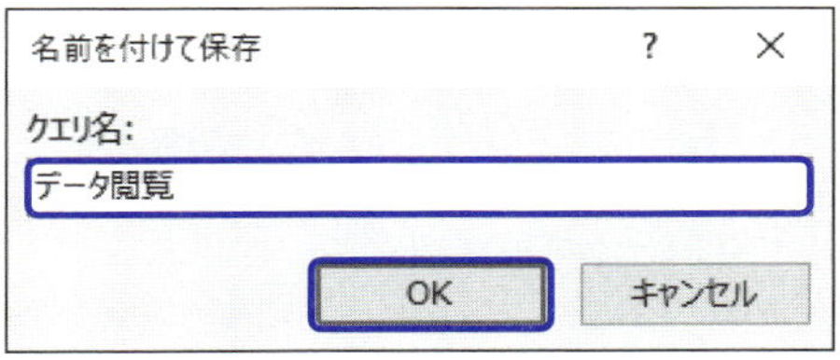

図11 選択クエリのオブジェクトが作成された

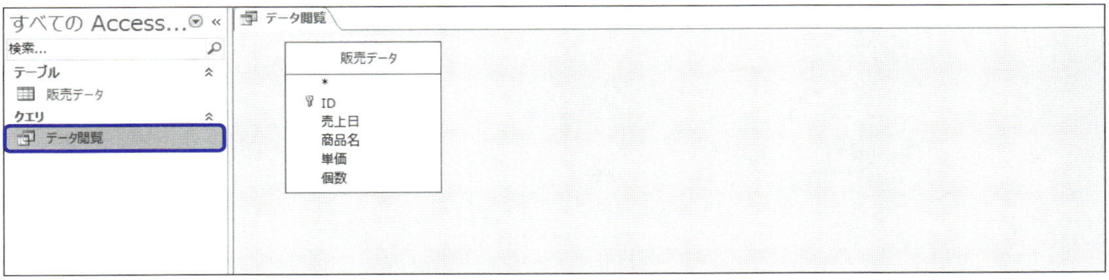

3-2-2 クエリの実行

それでは、作成した「データ閲覧」という選択クエリを実行してみます。リボンの「デザイン」タブの「実行」をクリックします（図12）。「データ閲覧」クエリが、データシートビューで開きました（図13）。

図12 「実行」をクリック

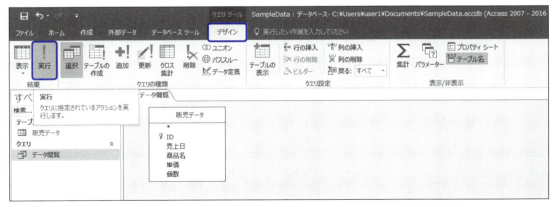

これが、選択クエリの実行結果です。先ほどデザインビューで設定したとおり、「売上日」「商品名」「個数」のフィールドのみが抽出されています。さらに、「個数」が多い順に並び替えもされていますね。

図13 実行結果

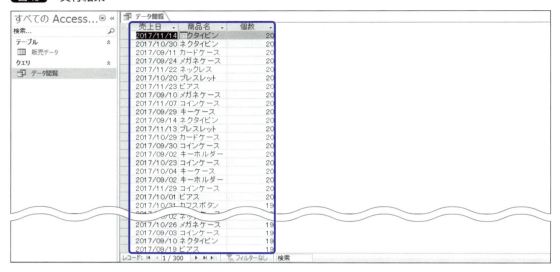

作成した選択クエリを修正したい場合、デザインビューに戻ります。リボンの「表示」から選択できますし（**図14**）、ナビゲーションウィンドウやステータスバーからもビューの切り替えができます。

図14 ビューの切り替え

実行結果のフィールドを減らすには、2種類の方法があります。グリッドの「表示」のチェックを外すと、実行結果にフィールドは出ませんが、そのフィールドに対して設定した条件が有効になります。結果も条件もともに必要のないフィールドならば、列を選択して delete キーで削除します（**図15**）。

図15 フィールドの削除

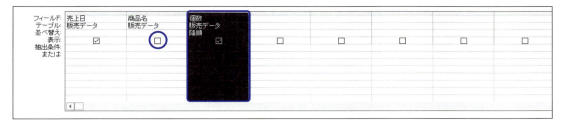

また、フィールドの一番上に表示されている「*」は、「すべてのフィールド」という意味です。デザイングリッドが空の状態で「*」をダブルクリック、またはデザイングリッドにドラッグすると、デザイングリッドには図16のように表示され、この状態で選択クエリを実行すると、図17のように、該当テーブルのすべてのフィールドが抽出されます。

図16 すべてのフィールドを選択

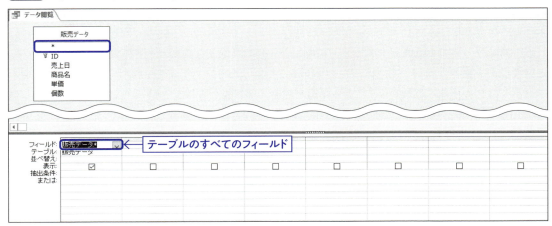

図17 すべてのフィールドが抽出された

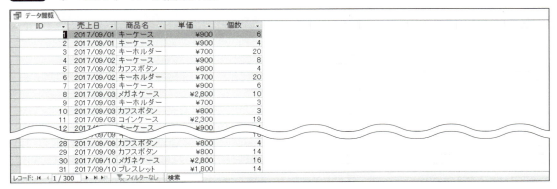

CHAPTER 3

3-3 フィールドの値を使った再計算〜計算結果を抽出

選択クエリの基本ができたら、次は既存のフィールド同士を使って計算し、結果が出力されるフィールドを作ってみましょう。「単価」と「個数」を掛け合わせた値を求めます。

3-3-1 式ビルダー

選択クエリでは、既存のフィールドを使った計算結果を表示する「演算フィールド」という、独自のフィールドを作ることができます。この機能があるからこそ、Excelのように計算結果のフィールドを持つ必要がないのです。

この演算フィールドは既存フィールドを組み合わせて計算式を書くのですが、そこで「式ビルダー」という機能を使うと便利です。式ビルダーでは、指定したいフィールドや利用できる組み込み関数を選択して挿入することができるので、記述を間違える心配がありません。

図18 「式ビルダー」のウィンドウ

3-3 フィールドの値を使った再計算～計算結果を抽出

3-3-2 演算フィールドを作る

選択クエリに「単価」と「個数」を掛け合わせる演算フィールドを作ってみましょう。3-2（P.76）で作成した「データ閲覧」という選択クエリを、デザインビューで開きます。例として、図19のような状態にして、上書き保存しておきましょう。

図19 「データ閲覧」クエリのデザインビュー

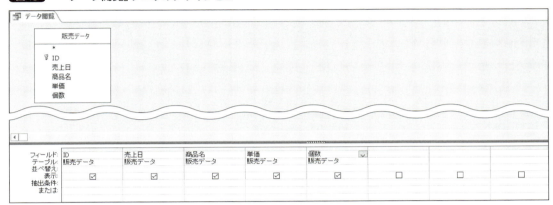

デザイングリッド最終端の1つ右のフィールド欄を選択し、リボンの「デザイン」タブの「ビルダー」をクリックします（図20）。

図20 「ビルダー」をクリック

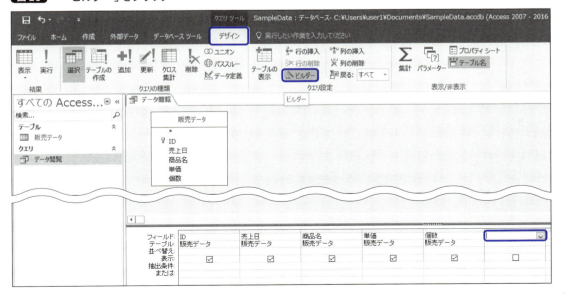

083

すると、「式ビルダー」というウィンドウが開きます。「式の要素」で項目を選択すると、「式のカテゴリ」「式の値」の内容が変わります。起動した状態では、現在編集中だった「データ閲覧」クエリが選択されていて、「式のカテゴリ」ではデザイングリッドに表示したフィールドが選択できるようになっています。今回はこの中のフィールドを使ってみましょう。まずは「単価」をダブルクリックします。

図21 式に「単価」が挿入された

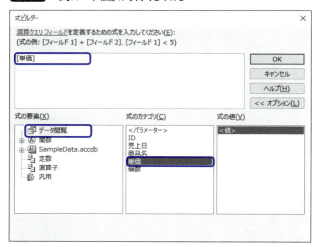

図21のように、上のボックスに「単価」が挿入されました。次に「式の要素」に「演算子」、「式のカテゴリ」に「算術」を選択し、「式の値」から「*」をダブルクリックします。

図22 式に「*」が挿入された

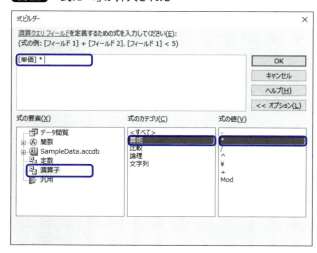

今度は図22のように、乗算の演算子である「*」が挿入されました。続いて「式の要素」に「データ閲覧」を選択し、「式のカテゴリ」から「個数」をダブルクリックします。

なお、「式の要素」の「データ閲覧」を選択しても「式のカテゴリ」になにも出てこない場合、クエリの保存が反映されていないことがあるので、いったんAccessを終了してから再度開いてみてください。

図23 式に「個数」が挿入された

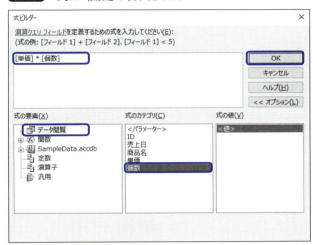

「個数」も挿入されました（図23）。ちなみに、このボックスへは直接入力もできます。これで式ができたので、「OK」をクリックして、ウィンドウを閉じます。すると、式ビルダーを起動させる前に選択していたグリッドへ、作成した式が挿入されました（図24）。

図24 デザイングリッドへ式が挿入された

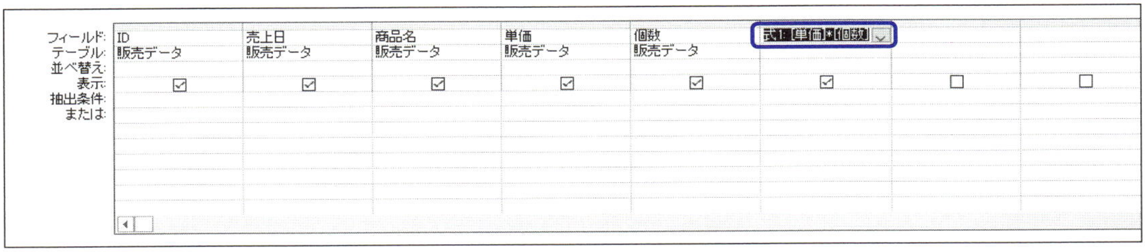

「式1:[単価]*[個数]」となっていますが、この「式1」という部分が演算フィールドの名称になります。このままでも動作しますが、せっかくなので図25のように「売上」という名称へ変更してみましょう。クエリを上書き保存して、「デザイン」タブから「実行」をクリックします（図26）。

図25　演算フィールド名の変更

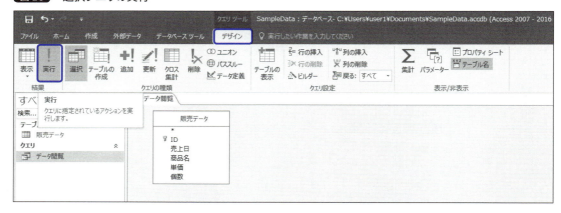

図26　選択クエリの実行

クエリがデータシートビューで表示されました。「売上」というフィールドが追加されていますね（図27）。

図27　演算フィールドの実行結果

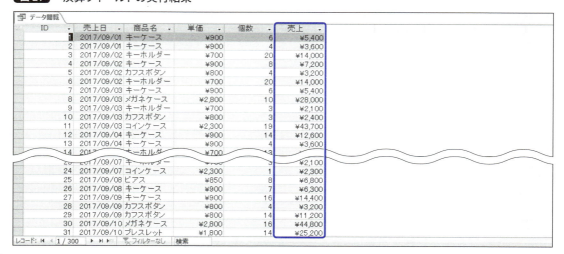

3-3-3 値を集計する

今度は、この選択クエリを使って集計結果を算出してみましょう。デザインビューに切り替えて、図28のように、「商品名」「個数」と、先ほど作成した演算フィールド「売上」を残して、ほかのフィールドは削除します。

図28 「商品名」「個数」「売上」フィールドのみ残す

リボンの「デザイン」タブの「集計」をクリックすると、デザイングリッドに「集計」という項目が表示されます（図29）。

図29 「集計」をクリック

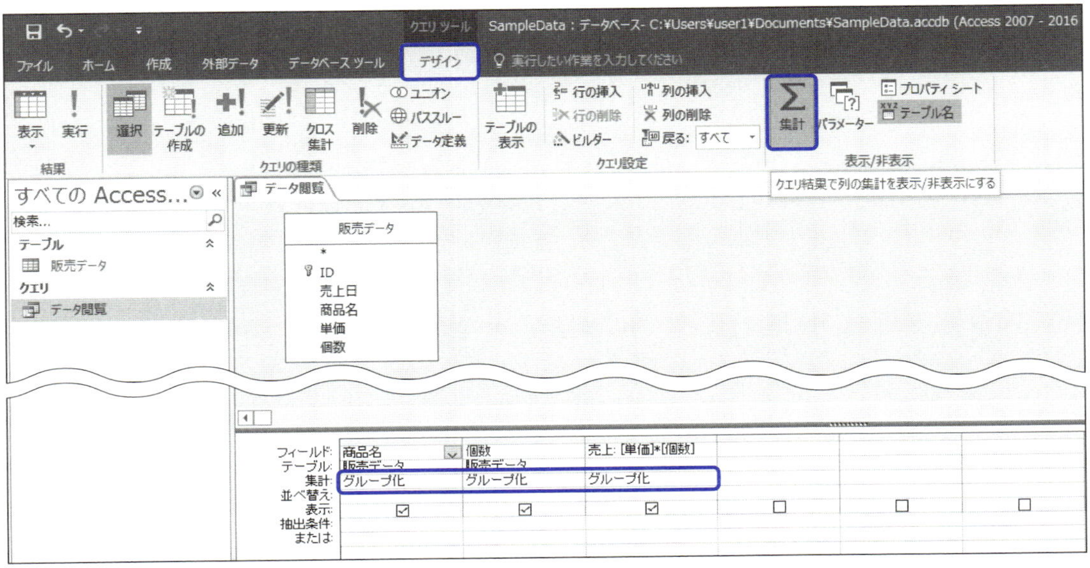

「商品名」「個数」「売上」フィールドそれぞれに**グループ化**と表示されていますが、これは**フィールドの同じデータをまとめる**という指示になります。3つともグループ化していたのでは意味がないので、ここでは「商品名」が同じものをまとめて、それに対する「個数」と「売上」の合計値を算出してみましょう。

「商品名」は「グループ化」のまま、「個数」と「売上」の「集計」欄をクリックして「合計」に変更します（図30）。上書き保存して、クエリを実行してみましょう。

図30　「集計」欄を「合計」にする

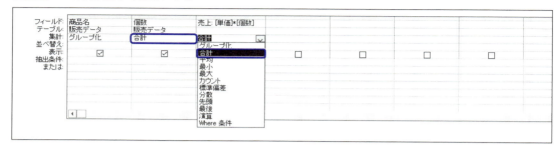

図31となりました。このように「集計」を使うと、特定のフィールドの同じデータに対する集計をかんたんに計算することができます。「合計」のほかにも「平均」や「最小値」「最大値」を調べることもできます。

図31　集計した結果

商品名	個数の合計	売上
カードケース	394	¥472,800
カフスボタン	242	¥193,600
キーケース	310	¥279,000
キーホルダー	224	¥156,800
コインケース	374	¥860,200
ネクタイピン	311	¥559,800
ネックレス	285	¥370,500
ピアス	324	¥275,400
ブレスレット	276	¥496,800
メガネケース	447	¥1,251,600

CHAPTER 3

3-4 条件付きクエリ
～不等号で比較

選択クエリでできることは、フィールドを選択して集計するだけではありません。さまざまな条件を付けることができ、その条件に合うものだけを抽出することができます。

3-4-1 一致する/しない条件

「データ閲覧」クエリをデザインビューで開き、図32のような状態にします。3-3から続けて操作する場合、リボンの「デザイン」タブの「集計」をクリックして、「集計」欄をいったん解除してください。

なお、列を追加する場合、追加したい場所の隣の列を選択してリボンから「列の挿入」をクリックします。選択した列の左隣に列が追加されます。

図32 「データ閲覧」クエリのデザインビュー

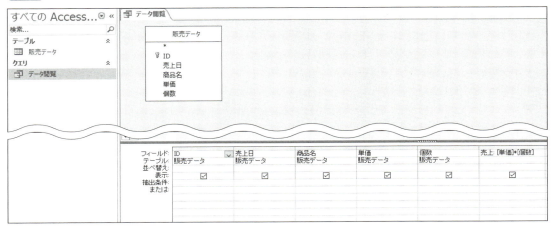

クエリに条件を付けるには、デザイングリッドの「抽出条件」欄に条件を入力します。「個数」フィールドの「抽出条件」に「10」と入力してみましょう（図33）。これは「「個数」フィールドが10と一致するレコードだけ取り出す」という意味になります。

なお、また、クエリに条件を入力するときは、数値、記号など日本語以外の入力は必ず半角で行います。特に、スペースは半角と全角がひと目では区別が付きにくいので注意しましょう。

このクエリを実行すると、**図34**のようになります。個数が10のものだけ、7件表示されていますね。

図33　「個数」フィールドの「抽出条件」を入力

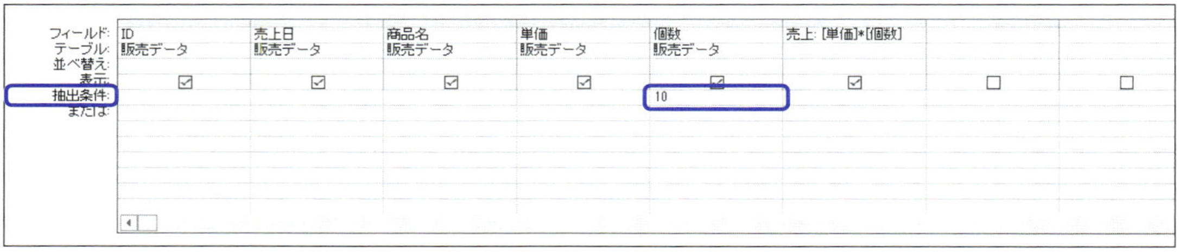

図34　実行結果

ID	売上日	商品名	単価	個数	売上
3	2017/09/03	メガネケース	¥2,800	10	¥28,000
60	2017/09/18	ブレスレット	¥1,800	10	¥18,000
74	2017/09/23	キーケース	¥900	10	¥9,000
80	2017/09/25	メガネケース	¥2,800	10	¥28,000
87	2017/09/27	メガネケース	¥2,800	10	¥28,000
92	2017/09/29	コインケース	¥2,300	10	¥23,000
228	2017/11/09	ネックレス	¥1,300	10	¥13,000
(新規)			¥0	0	

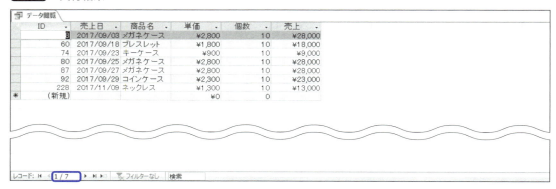

また「条件と一致しないレコード」を抽出したい場合、条件の頭に「Not」を付けます。今度は**図35**のように入力してみましょう。

実行すると、**図36**のようになります。一致しないレコードのほうが数が多いので一見ちゃんと抽出されているかわかりにくいですが、レコードの件数を見てみると、293件抽出されているのがわかります。条件指定がない場合は300件だったので、7件が除外されています。

図35　「一致しない」条件を入力

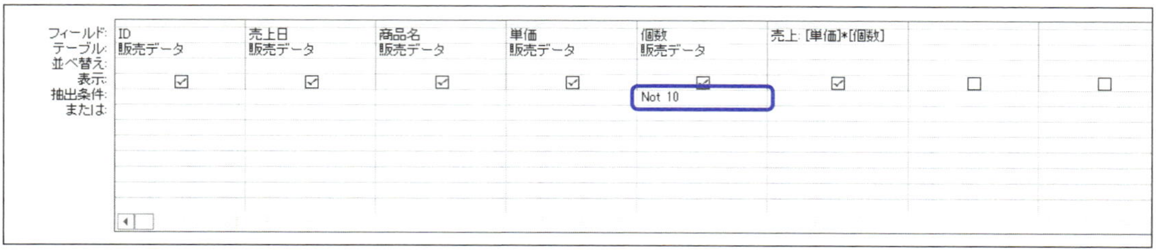

3-4 条件付きクエリ〜不等号で比較

図36 実行結果

ID	売上日	商品名	単価	個数	売上
1	2017/09/01	キーケース	¥900	6	¥5,400
2	2017/09/01	キーケース	¥900	4	¥3,600
3	2017/09/02	キーホルダー	¥700	20	¥14,000
4	2017/09/02	キーケース	¥900	8	¥7,200
5	2017/09/02	カフスボタン	¥800	4	¥3,200
6	2017/09/02	キーホルダー	¥700	20	¥14,000
7	2017/09/03	キーケース	¥900	6	¥5,400
9	2017/09/03	キーホルダー	¥700	3	¥2,100
10	2017/09/03	カフスボタン	¥800	3	¥2,400
11	2017/09/03	コインケース	¥2,300	19	¥43,700
12	2017/09/04	キーケース	¥900	14	¥12,600
13	2017/09/04	キーケース	¥900	4	¥3,600
14	2017/09/04	キーホルダー	¥700	13	¥9,100
15	2017/09/04	メガネケース	¥2,800	18	¥50,400
16	2017/09/04	キーホルダー	¥700	3	¥2,100
17	2017/09/05	ブレスレット	¥1,800	16	¥28,800
18	2017/09/05	ピアス	¥850	3	¥2,550
19	2017/09/06	カードケース	¥1,200	17	¥20,400
20	2017/09/06	キーホルダー	¥700	19	¥13,300
21	2017/09/06	メガネケース	¥2,800	9	¥25,200
22	2017/09/07	カードケース	¥1,200	4	¥4,800
23	2017/09/07	キーホルダー	¥700	3	¥2,100
24	2017/09/07	コインケース	¥2,300	1	¥2,300
25	2017/09/08	ピアス	¥850	8	¥6,800
26	2017/09/08	キーケース	¥900	7	¥6,300
27	2017/09/09	キーケース	¥900	16	¥14,400
28	2017/09/09	カフスボタン	¥800	4	¥3,200
29	2017/09/09	カフスボタン	¥800	14	¥11,200
30	2017/09/10	メガネケース	¥2,800	16	¥44,800
31	2017/09/10	ブレスレット	¥1,800	14	¥25,200
32	2017/09/10	ネクタイピン	¥1,800	19	¥34,200

このようにすれば、特定の条件と「一致する」または「一致しない」レコードを抽出することができます。数値以外も指定できますが、**表1**のように、日付は「#」、文字列は「"」で挟んで記述するというルールがあります。記号で囲むことによって、「これは日付ですよ」「これは文字列ですよ」ということをAccessに教えてあげるのです。

表1 一致する/しない条件の書き方

内容	例
数値が一致する	10
数値が一致しない	Not 10
日付が一致する	#2017/09/01#
日付が一致しない	Not #2017/09/01#
文字列が一致する	"キーホルダー"
文字列が一致しない	Not "キーホルダー"

3-4-2 大きい/小さい条件

指定した値よりも大きい/小さいことを条件にしたい場合、「不等号」「値」の順番で記述します。図37のように演算フィールド「売上」の「抽出条件」欄に「>40000」と記述してみましょう。実行すると、結果は図38のようになります。「売上」が4万円よりも大きいレコードだけが抽出されていますね。

図37 不等号の条件を入力

図38 実行結果

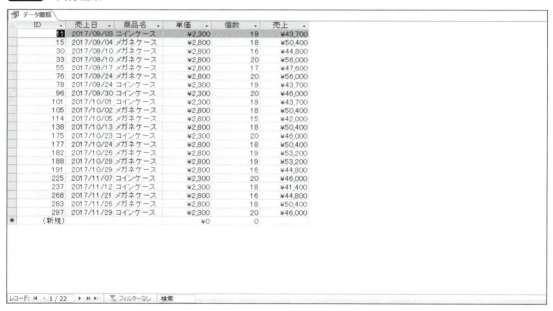

数値や日付を使って比較を行いたい場合、表2のように記述します。

3-4 条件付きクエリ〜不等号で比較

表2 不等号を使った条件の書き方

内容	例
10より大きい	>10
10より小さい	<10
10以上	>=10
10以下	<=10
9/1より後	>#2017/09/01#
9/1より前	<#2017/09/01#
9/1以降	>=#2017/09/01#
9/1以前	<=#2017/09/01#

　もちろん、複数の条件を組み合わせることもできます。図39は「10/1日以降にキーホルダーが売れた」レコードのみを抽出する条件です。表1(P.91)で示したように文字列は「"」で挟んで記述します。実行すると図40の結果が得られます。

図39 複数の条件を設定

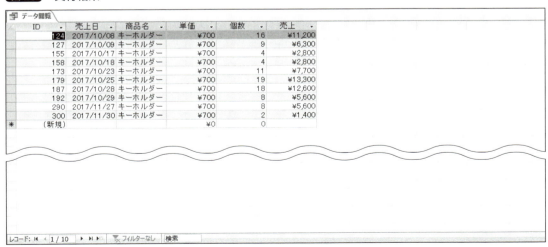

図40 実行結果

CHAPTER 3 クエリ データの検索・抽出・再計算

3-4-3 範囲を指定した条件

　数値や日付を使って「どこからどこまで」という条件指定には、「And」と「Between」を使った指定方法があります。図41のように「売上」フィールドの「抽出条件」欄に「>8000 And <10000」と入力してみましょう。「8千円より高く1万円未満」という条件に合う、18件のレコードが抽出されました（図42）。

図41 Andで範囲指定

図42 実行結果

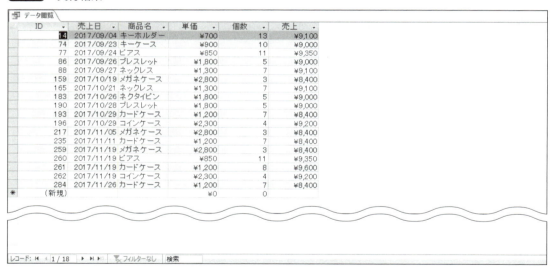

表3 範囲を指定した条件の書き方

内容	例
10より大きく20未満	>10 And <20
10以上20以下	>=10 And <=20
9/1より後で9/30より前	>#2017/09/01# And <#2017/09/30#
9/1以降で9/30以前	>=#2017/09/01# And <=#2017/09/30#

表3のうち、「>=」「<=」を使って「指定値を含む」条件は、表4のように表すこともできます。

表4 指定値を含む範囲指定

内容	例
10以上20以下	Between 10 And 20
9/1以降で9/30以前	Between #2017/09/01# And #2017/09/30#

3-3-3 (P.87)で「集計」を使って、「商品名」が同じものをまとめて、それに対する「個数」と「売上」の合計値を算出しましたが、さらにそれを「2017年9月の範囲で」という条件を加えてみると、図43のようになります。「集計」欄を「Where 条件」にし、表示欄のチェックを外すことで、クエリの結果には非表示のまま条件を加えることができます。実行したものが、図44です。このように範囲を決めて集計したほうが、より分析に役立つデータが得られますね。

図43 日付の範囲を条件にして集計する

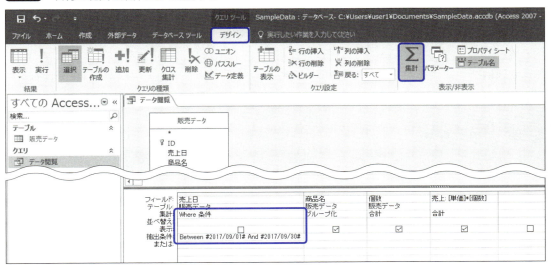

図44 実行結果

CHAPTER 3

3-5 Like演算子 ～あいまい検索

ここまでは数値や日付を中心に指定の値と比較した条件について学んできましたが、次はLikeを使った「あいまいな」条件の指定方法を学んでいきましょう。

3-5-1 前方一致の条件

「データ閲覧」クエリのデザインビューで、「商品名」フィールドの「抽出条件」欄に「Like　"キー*"」と入力してみましょう（**図45**）。

「*」は**ワイルドカード**と呼ばれる任意の長さの任意の文字列とみなされている特殊な文字です。そのため"キー*"とすると、「キー」で始まる文字列のすべてが合致することになります。クエリの実行結果が**図46**です。10種類ある商品の中で、「キーケース」「キーホルダー」のレコードのみが抽出されました。

図45　前方一致の条件

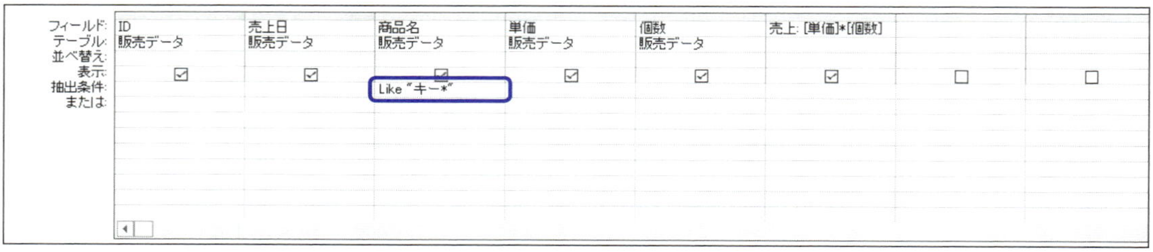

図46　実行結果

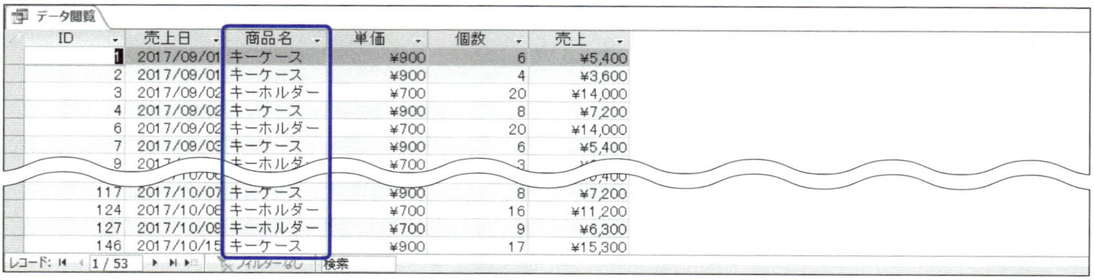
データ閲覧

ID	売上日	商品名	単価	個数	売上
1	2017/09/01	キーケース	¥900	6	¥5,400
2	2017/09/01	キーケース	¥900	4	¥3,600
3	2017/09/02	キーホルダー	¥700	20	¥14,000
4	2017/09/02	キーケース	¥900	8	¥7,200
6	2017/09/02	キーホルダー	¥700	20	¥14,000
7	2017/09/03	キーケース	¥900	6	¥5,400
9	2017	キーホルダ	¥700	3	[illegible]
117	2017/10/07	キーケース	¥900	8	¥7,200
124	2017/10/08	キーホルダー	¥700	16	¥11,200
127	2017/10/09	キーホルダー	¥700	9	¥6,300
146	2017/10/15	キーケース	¥900	17	¥15,300

レコード: 1 / 53　フィルターなし　検索

また、「Not Like」とすることで、それ以外のレコードを抽出することもできます。

表5 前方一致の条件の書き方

内容	例
"キー"から始まる	Like "キー*"
"キー"から始まらない	Not Like "キー*"

3-5-2 後方一致の条件

今度は、「商品名」フィールドの「抽出条件」欄に「Like "*ケース"」と入力してみましょう（**図47**）。ワイルドカードを先に持ってくることで、「ケース」という文字列で終わる文字列のすべてが合致することになります。実行結果が**図48**です。「キーケース」「メガネケース」「コインケース」のレコードが抽出されました。

図47 後方一致の条件

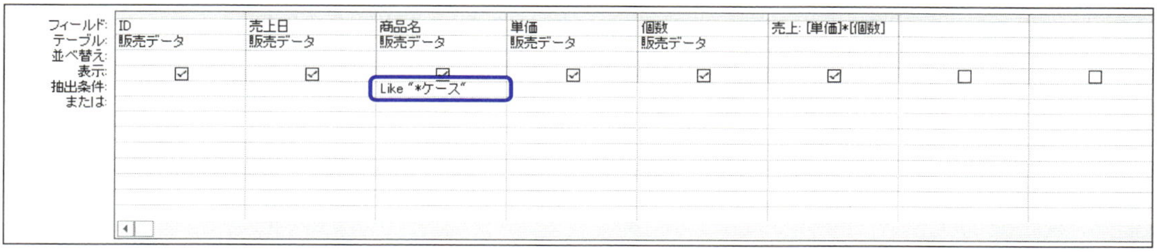

図48 実行結果

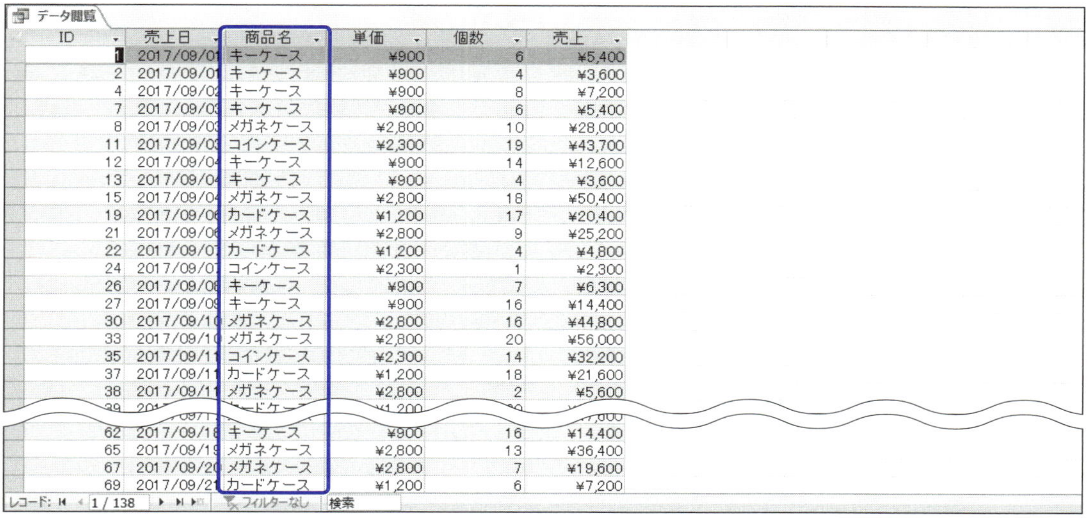

ID	売上日	商品名	単価	個数	売上
1	2017/09/01	キーケース	¥900	6	¥5,400
2	2017/09/01	キーケース	¥900	4	¥3,600
4	2017/09/0	キーケース	¥900	8	¥7,200
7	2017/09/0	キーケース	¥900	6	¥5,400
8	2017/09/0	メガネケース	¥2,800	10	¥28,000
11	2017/09/0	コインケース	¥2,300	19	¥43,700
12	2017/09/0	キーケース	¥900	14	¥12,600
13	2017/09/0	キーケース	¥900	4	¥3,600
15	2017/09/0	メガネケース	¥2,800	18	¥50,400
19	2017/09/0	カードケース	¥1,200	17	¥20,400
21	2017/09/0	メガネケース	¥2,800	9	¥25,200
22	2017/09/0	カードケース	¥1,200	4	¥4,800
24	2017/09/0	コインケース	¥2,300	1	¥2,300
26	2017/09/0	キーケース	¥900	7	¥6,300
27	2017/09/0	キーケース	¥900	16	¥14,400
30	2017/09/1	メガネケース	¥2,800	16	¥44,800
33	2017/09/1	メガネケース	¥2,800	20	¥56,000
35	2017/09/1	コインケース	¥2,300	14	¥32,200
37	2017/09/1	カードケース	¥1,200	18	¥21,600
38	2017/09/1	メガネケース	¥2,800	2	¥5,600
62	2017/09/1	キーケース	¥900	16	¥14,400
65	2017/09/1	メガネケース	¥2,800	13	¥36,400
67	2017/09/2	メガネケース	¥2,800	7	¥19,600
69	2017/09/2	カードケース	¥1,200	6	¥7,200

レコード: 1 / 138 フィルターなし 検索

表6 後方一致の条件の書き方

内容	例
"ケース"で終わる	Like "*ケース"
"ケース"で終わらない	Not Like "*ケース"

3-5-3 含む条件

「Like "*ー*"」のように、ワイルドカードで特定の文字列を挟むように指定すると（**図49**）、前後関係なく、フィールド内にその文字列を「含む」レコードがすべて抽出されます。実行結果が**図50**です。

図49 「ー」を含む条件

図50 実行結果

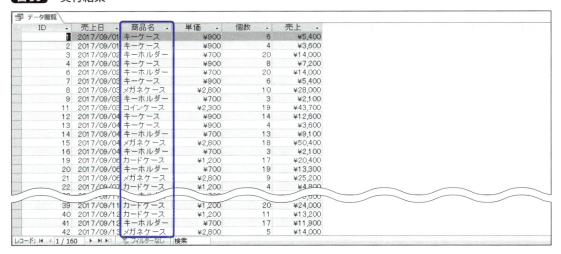

表7 含む・含まない条件の書き方

内容	例
"ー"を含む	Like "*ー*"
"ー"を含まない	Not Like "*ー*"

Like演算子は日付でも使うことができます。たとえば「売上日」フィールドの「抽出条件」欄に「Like "*11*"」と入力し(**図51**)、実行すると**図52**のように9/11と10/11のレコードに加え、11月のすべてのレコードが抽出されます。

図51 日付でLikeを使う

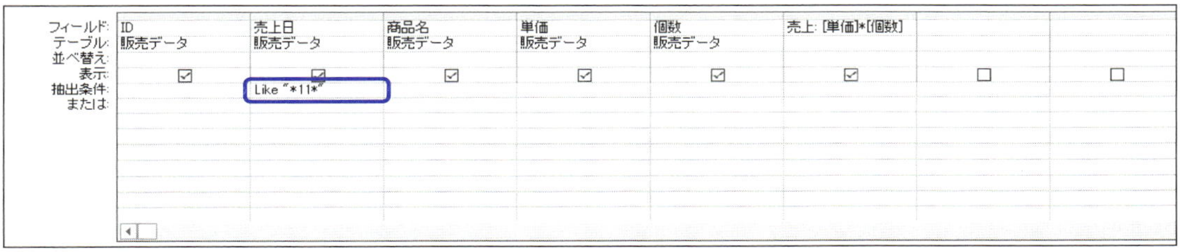

図52 実行結果

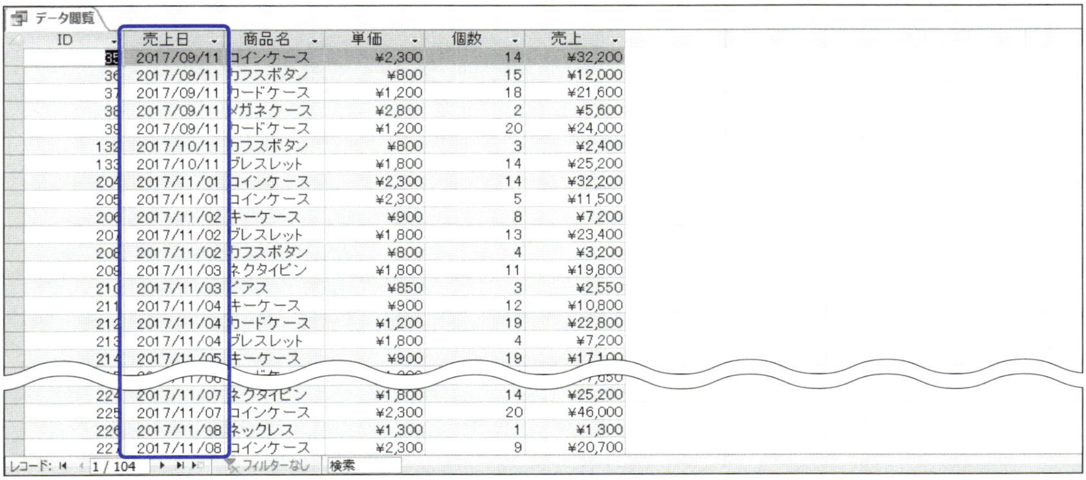

ID	売上日	商品名	単価	個数	売上
35	2017/09/11	コインケース	¥2,300	14	¥32,200
36	2017/09/11	カフスボタン	¥800	15	¥12,000
37	2017/09/11	カードケース	¥1,200	18	¥21,600
38	2017/09/11	メガネケース	¥2,800	2	¥5,600
39	2017/09/11	カードケース	¥1,200	20	¥24,000
132	2017/10/11	カフスボタン	¥800	3	¥2,400
133	2017/10/11	ブレスレット	¥1,800	14	¥25,200
204	2017/11/01	コインケース	¥2,300	14	¥32,200
205	2017/11/01	コインケース	¥2,300	5	¥11,500
206	2017/11/02	キーケース	¥900	8	¥7,200
207	2017/11/02	ブレスレット	¥1,800	13	¥23,400
208	2017/11/02	カフスボタン	¥800	4	¥3,200
209	2017/11/03	ネクタイピン	¥1,800	11	¥19,800
210	2017/11/03	ピアス	¥850	3	¥2,550
211	2017/11/04	キーケース	¥900	12	¥10,800
212	2017/11/04	カードケース	¥1,200	19	¥22,800
213	2017/11/04	ブレスレット	¥1,800	4	¥7,200
214	2017/11/05	キーケース	¥900	19	¥17,100
224	2017/11/07	ネクタイピン	¥1,800	14	¥25,200
225	2017/11/07	コインケース	¥2,300	20	¥46,000
226	2017/11/08	ネックレス	¥1,300	1	¥1,300
227	2017/11/08	コインケース	¥2,300	9	¥20,700

CHAPTER 3

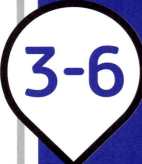

3-6 And句とOr句 ～条件を組み合わせた抽出

ここまでは1つのフィールドの中では条件は1つだけでしたが、ここでは、同一フィールドに対して2つ以上の条件を組み合わせて、より詳細な抽出を行うことを学習します。

3-6-1 ～かつ～の条件

And句は、**3-4-3**(P.94)で解説した数値や日付の範囲を指定するほか、文字列に使うこともできます。たとえば、**図53**のように「商品名」フィールドに「Not "ピアス" And Not "ネックレス"」と入力します。このクエリを実行すると、「商品名」フィールドが「ピアス」でも「ネックレス」でもないレコードをすべて抽出することになるので、結果は**図54**のようになります。

図53 文字列でAndを使う

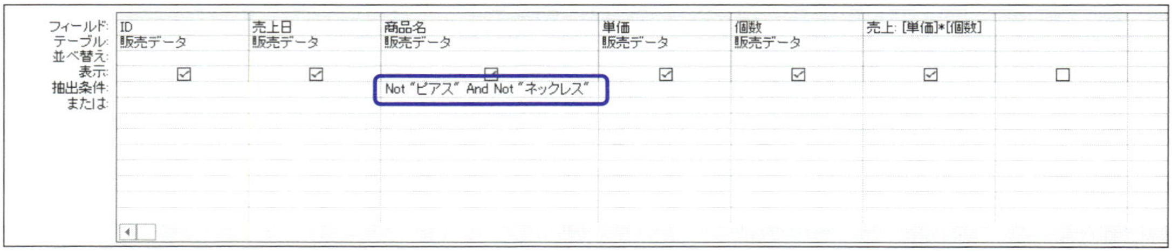

図54 実行結果

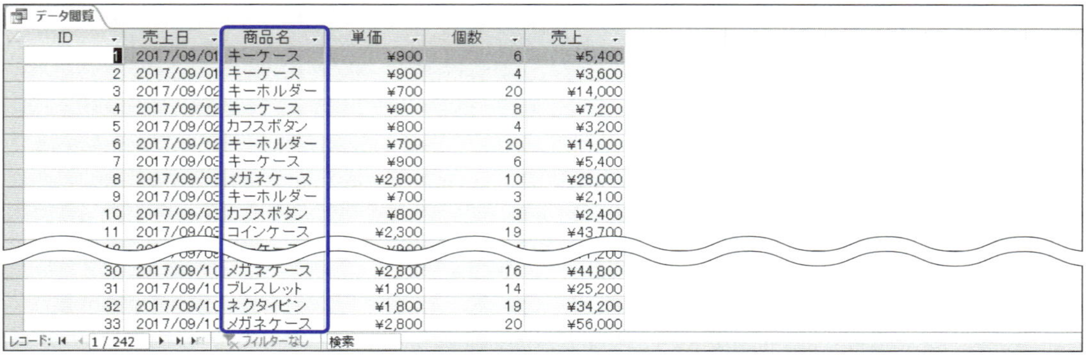

ID	売上日	商品名	単価	個数	売上
1	2017/09/01	キーケース	¥900	6	¥5,400
2	2017/09/01	キーケース	¥900	4	¥3,600
3	2017/09/02	キーホルダー	¥700	20	¥14,000
4	2017/09/02	キーケース	¥900	8	¥7,200
5	2017/09/02	カフスボタン	¥800	4	¥3,200
6	2017/09/02	キーホルダー	¥700	20	¥14,000
7	2017/09/03	キーケース	¥900	6	¥5,400
8	2017/09/03	メガネケース	¥2,800	10	¥28,000
9	2017/09/03	キーホルダー	¥700	3	¥2,100
10	2017/09/03	カフスボタン	¥800	3	¥2,400
11	2017/09/03	コインケース	¥2,300	19	¥43,700
30	2017/09/10	メガネケース	¥2,800	16	¥44,800
31	2017/09/10	ブレスレット	¥1,800	14	¥25,200
32	2017/09/10	ネクタイピン	¥1,800	19	¥34,200
33	2017/09/10	メガネケース	¥2,800	20	¥56,000

3-6 And句とOr句〜条件を組み合わせた抽出

3-6-2 〜または〜の条件

Or句は「または」という意味なので、図55のように「"ピアス" Or "ネックレス"」と入力すれば、結果は図56のように「商品名」が「ピアス」と「ネックレス」のレコードがすべて抽出されます。

図55 文字列でOrを使う

図56 実行結果

3-6-3 なにも入力されていないを条件に

　ここで、文字列型のフィールドに関して覚えておきたいことがあります。今回のサンプルでは設けませんでしたが、目的によっては「備考」などのように、値が入らなくてもよいフィールドというものが考えられます。

　このようなフィールドが「空かどうか」ということを条件にしたい場合、2つの条件が必要な場合があります。データベースでは、フィールドになにも入っていない状態を一般的に「Null」という値とみなしますが、文字列型の場合は「""」と記述して「文字数ゼロの文字列（空白）」という値を持つことができるからです。

　見た目は同じように空に見えても、「Null」と「空白」は別の値として判断されてしまうので、**表8**のようにOrとAndを使って条件を指定すると、どちらにも対応した記述ができます。

表8 Nullと空白を考慮した文字列の扱い

内容	書き方
Nullもしくは空白	Is Null Or ""
Nullでも空白でもない	Is Not Null And Not ""

CHAPTER 3

3-7 パラメータークエリ
～入力した値で抽出

さまざまな条件設定を学んできましたが、クエリを作成する段階で条件が固定されていました。パラメータークエリを使うと、実行するたびに条件の「値」を変更することができます。

3-7-1 パラメータークエリ

パラメーターとは「設定値」という意味です。つまり、パラメータークエリとはクエリを実行するたびに設定値を変更できるクエリのことを指します。デザイングリッドの条件に半角の [ ] を使って書くと、[ ] 内に書かれた部分を設定値として要求するウィンドウにすることができるのです。

実際にやってみましょう。図57のように、「商品名」フィールドの抽出条件に「[商品名を入力してください]」と書きます。

図57 パラメーターの設定

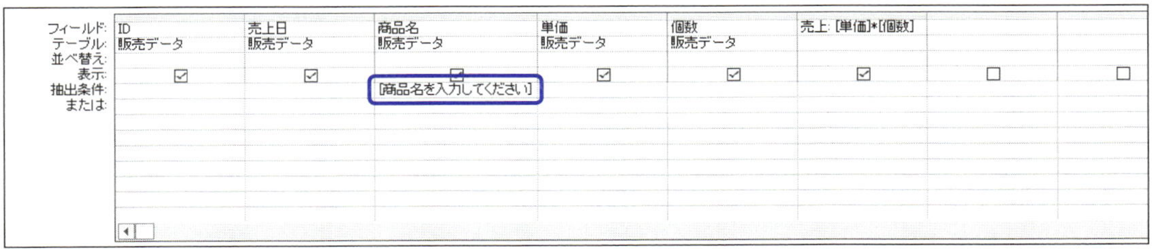

このクエリを実行すると、図58のようなウィンドウが表示されます。ここに出てくるメッセージが、さきほどの [ ] の中に書いた文章となります。

図58 パラメータークエリの起動

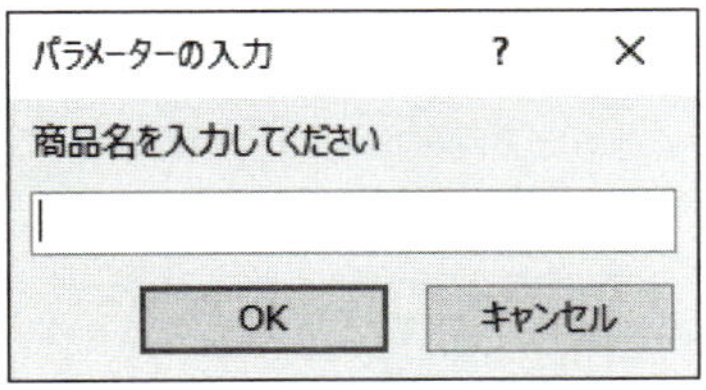

それでは、このウィンドウに抽出したい条件を入力してみましょう。「キーホルダー」と入力してみます（図59）。パラメーターに値を入力する際は、「"」や「#」は必要ありません。

「OK」をクリックすると、クエリが実行されます。入力したとおり、「商品名」が「キーホルダー」のレコードだけを抽出することができました（図60）。

図59 パラメーターを入力

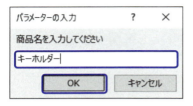

図60 実行結果

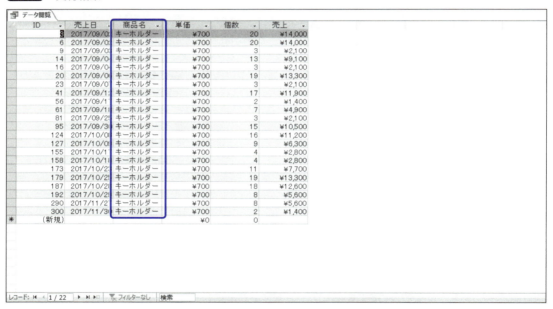

ちなみに、ナビゲーションウィンドウ上でクエリをダブルクリックすると、そのクエリを「実行」することができます。今回のようなパラメータークエリや3-8（P.107）で学習するアクションクエリの場合、意図なくダブルクリックしてクエリを実行してしまい、テーブルのデータを書き換えてしまうことがあります。クエリを開いて再編集する場合、右クリックしてデザインビューで開くように心がけましょう（図61）。

図61 ナビゲーションウィンドウからデザインビューでクエリを開く

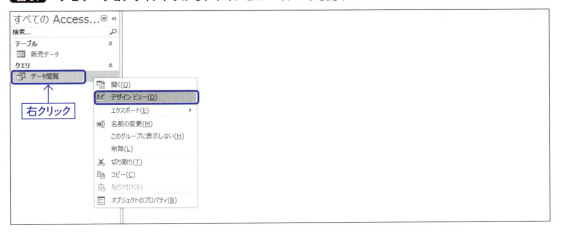

3-7-2 式と組み合わせたパラメーター

3-7-1で紹介したパラメータークエリは、3-4-1（P.89）の「一致する条件」に該当します。［］部分を条件の値と置き換えることで、パラメータークエリにさまざまな条件を使うことができます。

たとえば、3-5（P.96）のLikeを使った条件をパラメーターにしてみましょう。通常は「Like "*あ*"」と書くところですが、この条件部分を置き換えて「Like "*" & ［メッセージ］& "*"」のようにすることで、条件の文字列をパラメーター化します。

図62のクエリを実行すると、図63のウィンドウが現れます。ここへ「ケース」と入力すると、図64のように「商品名」に「ケース」が含まれたレコードが抽出されます。

図62 Likeを使ったパラメータークエリ

図63 パラメータークエリの実行

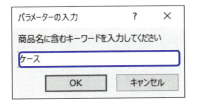

CHAPTER 3 クエリ データの検索・抽出・再計算

図64 実行結果

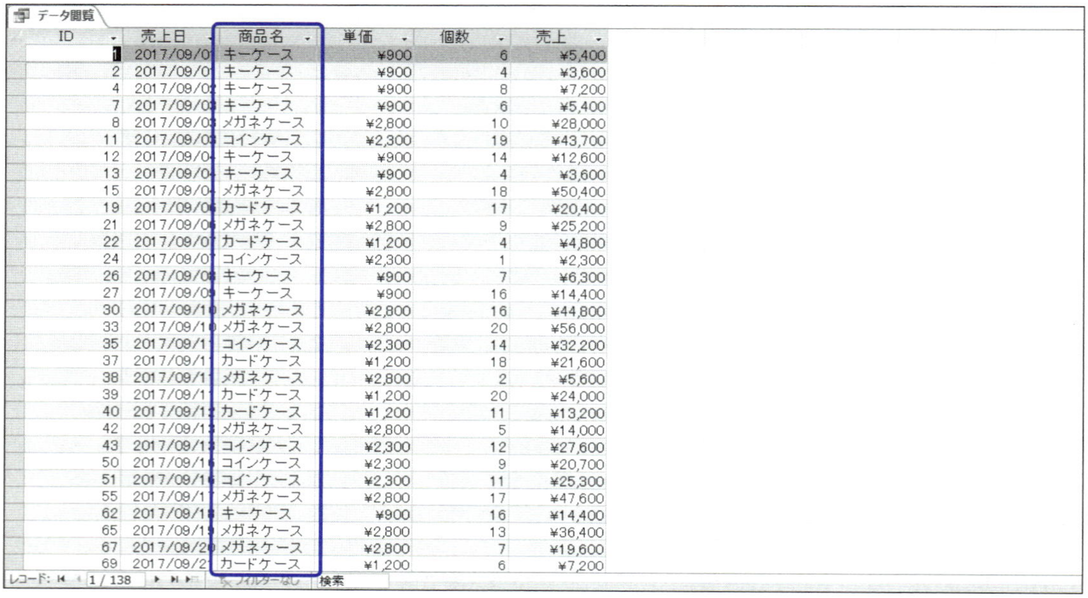

ID	売上日	商品名	単価	個数	売上
1	2017/09/01	キーケース	¥900	6	¥5,400
2	2017/09/01	キーケース	¥900	4	¥3,600
4	2017/09/02	キーケース	¥900	8	¥7,200
7	2017/09/03	キーケース	¥900	6	¥5,400
8	2017/09/03	メガネケース	¥2,800	10	¥28,000
11	2017/09/03	コインケース	¥2,300	19	¥43,700
12	2017/09/04	キーケース	¥900	14	¥12,600
13	2017/09/04	キーケース	¥900	4	¥3,600
15	2017/09/04	メガネケース	¥2,800	18	¥50,400
19	2017/09/06	カードケース	¥1,200	17	¥20,400
21	2017/09/06	メガネケース	¥2,800	9	¥25,200
22	2017/09/07	カードケース	¥1,200	4	¥4,800
24	2017/09/07	コインケース	¥2,300	1	¥2,300
26	2017/09/08	キーケース	¥900	7	¥6,300
27	2017/09/09	キーケース	¥900	16	¥14,400
30	2017/09/10	メガネケース	¥2,800	16	¥44,800
33	2017/09/10	メガネケース	¥2,800	20	¥56,000
35	2017/09/11	コインケース	¥2,300	14	¥32,200
37	2017/09/11	カードケース	¥1,200	18	¥21,600
38	2017/09/11	メガネケース	¥2,800	2	¥5,600
39	2017/09/12	カードケース	¥1,200	20	¥24,000
40	2017/09/12	カードケース	¥1,200	11	¥13,200
42	2017/09/13	メガネケース	¥2,800	5	¥14,000
43	2017/09/13	コインケース	¥2,300	12	¥27,600
50	2017/09/16	コインケース	¥2,300	9	¥20,700
51	2017/09/17	コインケース	¥2,300	11	¥25,300
55	2017/09/17	メガネケース	¥2,800	17	¥47,600
62	2017/09/18	キーケース	¥900	16	¥14,400
65	2017/09/19	メガネケース	¥2,800	13	¥36,400
67	2017/09/20	メガネケース	¥2,800	7	¥19,600
69	2017/09/21	カードケース	¥1,200	6	¥7,200

ほかにも表9のような記述方法で、これまで解説してきた条件設定をパラメーターと組み合わせて使うことができます。

表9 パラメータークエリの例

例	意味
Not [値]	[値]と一致しない
<= [値]	[値]以下
Between [値1] And [値2]	[値1]と[値2]の間
Like "*" & [値] & "*"	[値]を含む

CHAPTER 3

3-8 アクションクエリ
～レコードの操作

選択クエリを理解したならば、次はクエリを使ってテーブルへ変更を加えるアクションクエリを使ってみましょう。この節では、追加クエリ・更新クエリ・削除クエリについて学んでいきます。

3-8-1 追加クエリ

まずは、クエリを使って単一のレコードをテーブルに追加してみます。テーブルやクエリをすべて閉じた図65のような状態から、リボンの「作成」タブの「クエリデザイン」をクリックします。「テーブルの表示」のウィンドウが開きますが、ここでは不要なので「閉じる」をクリックします(図66)。

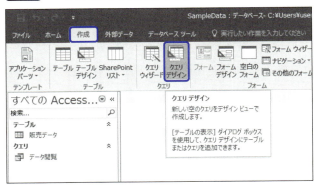

図65　「クエリデザイン」をクリック

図66　「閉じる」をクリック

この時点では、このクエリは「選択クエリ」になっていますので、リボンの「追加」をクリックして、「追加クエリ」に変更します（図67）。

図67　「追加」をクリック

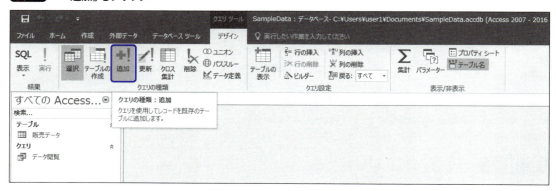

すると、追加先のテーブル名を要求するウィンドウが開くので、「販売データ」テーブルを選択して、「OK」をクリックします（図68）。「カレントデータベース」というのは「現在開いているデータベース」という意味です。また別のAccessファイルのテーブルを選択することも可能です。

図68　「販売データ」テーブルを選択

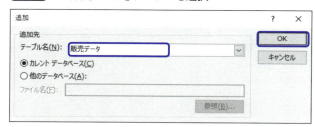

これで、「追加クエリ」のデザインビューになりました。デザイングリッドの「レコードの追加」という欄で、追加先テーブルのフィールドが選択できるようになっています。「レコードの追加」に書き込みたいフィールドをひとつずつ選択します（図69）。なお、「ID」フィールドはオートナンバー型なので、指定する必要はありません。

図69　フィールドの選択

次に、各フィールドに書き込みたい内容をデザイングリッドの「フィールド」欄に入力します。日付は「#」、文字列は「"」で囲むことを忘れないようにしましょう。入力後に「式1：」などの式名が自動で挿入されますが、テーブルには反映されないのでこのままで問題ありません（図70）。

図70　フィールドに追加する内容を入力する

実行する前に、クエリ名のタブを右クリックして上書き保存しましょう（図71）。

図71　「上書き保存」をクリック

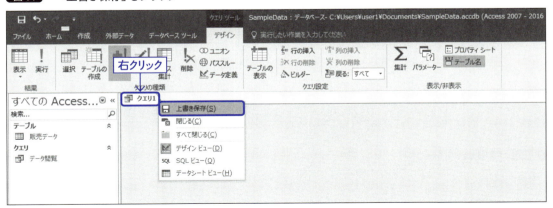

「追加（単一レコード）」という名前のクエリにします（図72）。ナビゲーションウィンドウに「追加クエリ」が保存され、タブも設定したクエリ名に変更されました（図73）。

図72 クエリ名を設定

図73 「追加クエリ」が保存された

それでは、このクエリを実行します。選択クエリのときと同じく、リボンの「実行」をクリックします（図74）。「1件のレコードを追加します」という確認のウィンドウが出ますので、「はい」をクリックします（図75）。

図74 追加クエリの実行

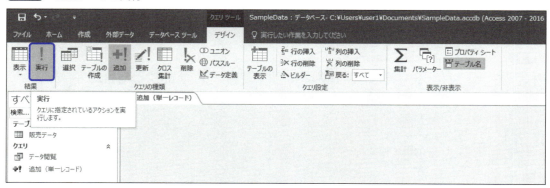

図75 確認のウィンドウ

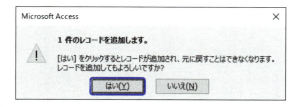

「販売データ」テーブルをデータシートビューで開いて、レコードが追加されたか確認してみましょう（図76）。実行前からテーブルが開かれていた場合は、リボンの「ホーム」タブの「すべて更新」をクリックすると、テーブルが更新されます。

図76 テーブルのデータを確認

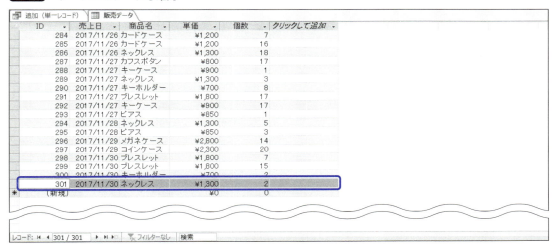

「追加クエリ」では、既存テーブルのレコードを、別のテーブルへ追加することもできます。追加データを収めるテーブルを新たに作成して、テーブル間の追加を試してみましょう。

ここでは、新しいテーブルを作成して、そのテーブルにレコードを入力します。そこに入力されたデータを「販売データ」テーブルに追加してみましょう。

リボンの「作成」タブの「テーブルデザイン」をクリックします（図77）。すると、図78のような、なにも設定されていないテーブルのデザインビューが開きます。

図77 「テーブルデザイン」をクリック

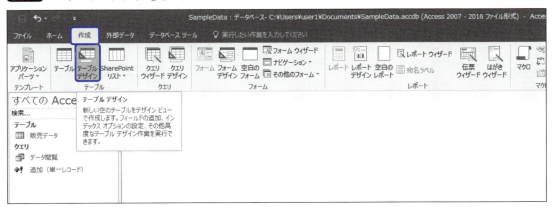

111

図78 新規テーブルのデザインビュー

次に「販売データ」テーブルに追加するためのデータを収めるテーブルを作ります。図79のように作成してみましょう。

図79 データ追加用テーブルの設定

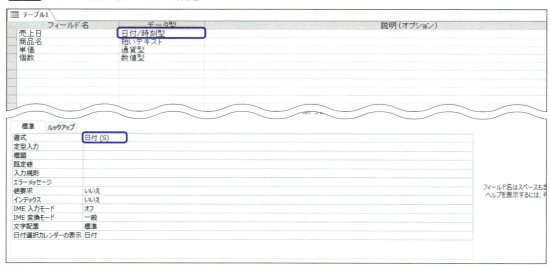

追加元のデータには、追加先のテーブルと同様のフィールドが存在しなければなりませんが、すべてが同じ構造でなくても大丈夫です。追加先の「販売データ」テーブルのIDはオートナンバー型ですが、追加元では必要ないので、ここではあえて主キーを設定せずにテーブルを保存してみましょう。上書き保存して「追加データ」というテーブル名にします（**図80**）。

図80 テーブル名を「追加データ」に設定

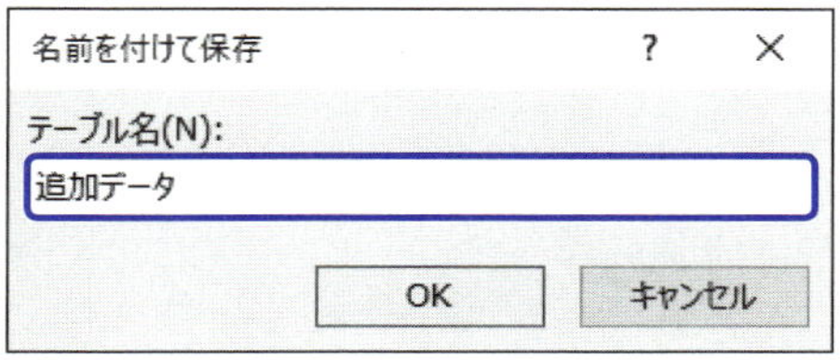

すると、**図81**のようなメッセージが表示されます。主キーとはテーブルにとって大事なもので、テーブル作成の際には主キーの設定が推奨されるので、このようなメッセージが出るのです。この「追加データ」テーブルのように一時的で、あえて主キーが必要ない場合は「いいえ」を選択すれば主キーなしのテーブルを作成することができます。

図81 主キーがないことへの注意メッセージ

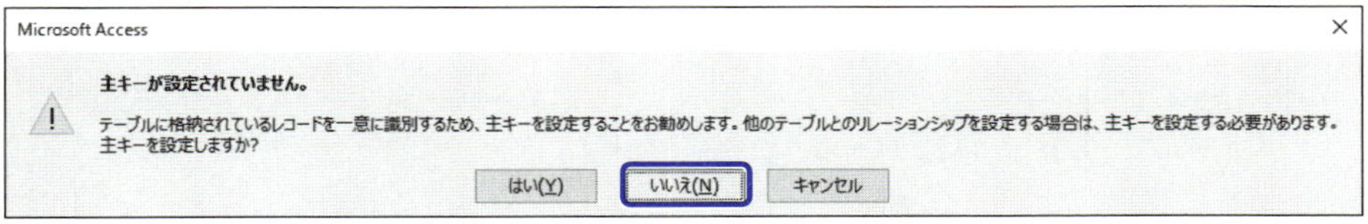

作成した「追加データ」テーブルをデータシートビューに切り替えて、**図82**のように追加したいデータを入力します。これで、追加元の「追加データ」テーブルができあがりました。上書き保存してからこのテーブルを閉じておきましょう。

図82 「追加データ」テーブルのデータシートビュー

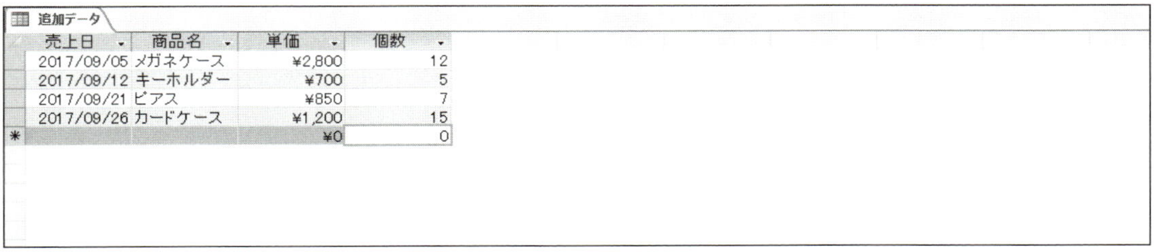

売上日	商品名	単価	個数
2017/09/05	メガネケース	¥2,800	12
2017/09/12	キーホルダー	¥700	5
2017/09/21	ピアス	¥850	7
2017/09/26	カードケース	¥1,200	15
*		¥0	0

それでは、テーブルからテーブルへの追加クエリを作ります。「作成」タブの「クエリデザイン」をクリックします（**図83**）。

「テーブルの表示」のウィンドウでは、追加元のテーブルを選択します。「追加データ」テーブルを選択した状態で「追加」をクリックしてから、「閉じる」をクリックします（**図84**）。ちなみに、この「テーブルの表示」のウィンドウは、一度閉じてしまってもリボンの「デザイン」タブの「テーブルの表示」というアイコンをクリックすれば再表示できます（**図85**）。

図83 クエリデザインをクリック

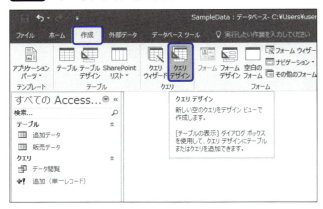

図84 「追加データ」テーブルを追加

図85 再度「テーブルの表示」を出したいとき

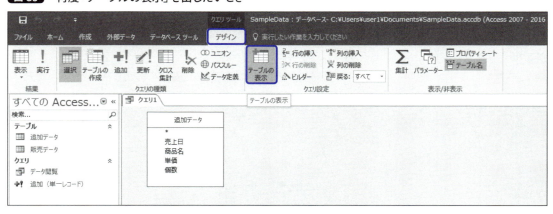

　追加クエリに変更するため、リボンの「追加」をクリックし（**図86**）、追加先に「販売データ」テーブルを選択して、「OK」をクリックします（**図87**）。

3-8 アクションクエリ～レコードの操作

図86 「追加」をクリック

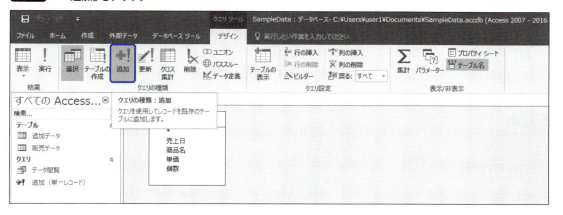

図87 「販売データ」テーブルを選択

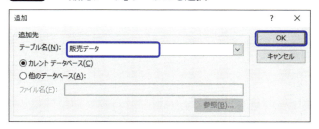

これで、追加元に「追加データ」テーブル、追加先に「販売データ」テーブルを指定することができました。デザインビューで、図88のようにデザイングリッドにフィールドを追加していきます。デザイングリッドに表示されているフィールドですが、「フィールド」欄と「テーブル」欄が追加元である「追加データ」テーブルのもの、「レコードの追加」欄が追加先の「販売データ」テーブルのものに設定されます。

図88 追加クエリのデザインビュー

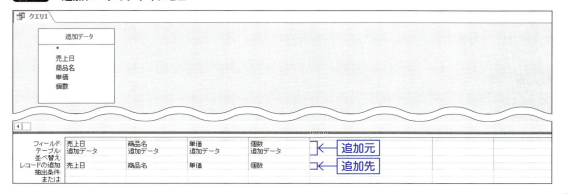

なお、追加先テーブルにフィールド名・型が同じものがあれば、「レコードの追加」欄は自動で選択されます。フィールド名が違う場合は、手動で追加先フィールドを指定できます。ただし、型が違うフィールドを指定すると、実行時にエラーとなります。

また、今回の例のように、追加元テーブルのフィールド名・型ともに同じフィールドが、追加先テーブルにすべて存在する場合においては、図89のように「*」で指定することも可能です。

図89 「*」ですべて指定

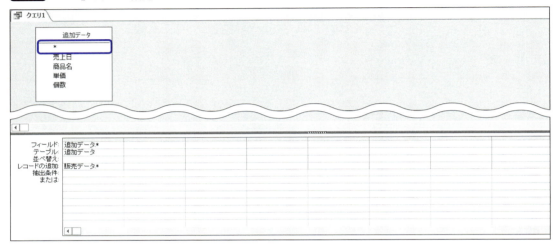

それではこの追加クエリを「追加（テーブルから）」という名前で保存し、実行してみましょう。レコード追加の確認メッセージ（図90）が表示されたのち、追加先である「販売データ」テーブルの最後に、「追加データ」テーブルから4件のレコードが追加されました（図91）。

追加クエリはレコードの内容に関係なく、実行するたびに追加先テーブルにレコードが増えていきますので、データの二重化を避けるためには、追加が終わったあとは「追加データ」テーブルの内容を削除するか、テーブル自体を削除するなどの処理が必要です。

また、追加クエリではありませんが、すでにデータの入っている「販売データ」テーブルに対して2-6（P.60）のインポートを実行すると、すでにあるレコードに追加される形で新しくIDが振られ、インポートのたびにレコードは増えていきます。

図90 確認メッセージ

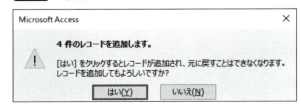

3-8 アクションクエリ～レコードの操作

図91 実行結果

3-8-2 更新クエリ

　それでは今度は、テーブルに対して複数レコードの変更を行う、「更新クエリ」について解説します。リボンの「作成」タブの「クエリデザイン」をクリックします。
　「テーブルの表示」のウィンドウでは、変更を加える対象のテーブルを選択します。「販売データ」テーブルを選択して、「追加」をクリックし、ウィンドウを閉じます。リボンの「更新」をクリックして、「更新クエリ」に変更します（**図92**）。

図92 「更新」をクリック

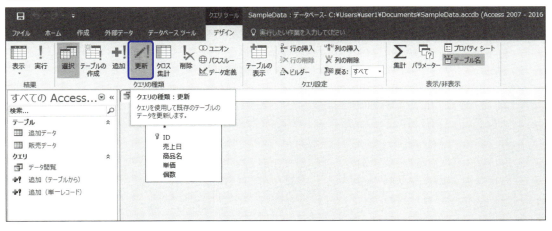

ここで上書き保存をして、「更新」という名前でクエリを保存しておきましょう。ナビゲーションウィンドウに新しく更新クエリが追加されました（図93）。

図93 更新クエリの保存

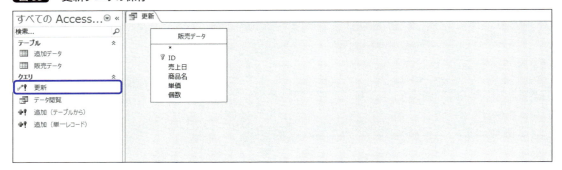

ここで注意事項があります。更新クエリを実行する際には、図94のようなメッセージが表示され、一度実行してしまうと元には戻せません。実験は、必ずバックアップをとってから行いましょう。

本書に掲載の画像は、すべて元データに戻ってからの実行結果なので、クエリを実行したご自身の環境と異なることがあります。

図94 警告メッセージ

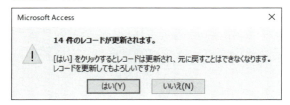

それでは、対象のフィールドをダブルクリック、またはドラッグでデザイングリッドに加えます。例として「単価」を追加します（図95）。なお、主キーは変更不可なので、更新対象を特定する条件として使用することはできますが、データを変更することはできません。

図95 デザイングリッドに「単価」を追加

この画面の「レコードの更新」欄に書かれた式によって、データは更新されます。たとえば図96のように「1000」と書いたとします。これで、「単価」フィールドを「1000」へ更新する、という意味になります。このクエリを実行する前は図97の状態とすると、クエリを実行してしまうと、図98のようにすべての商品の単価が1000円になってしまいます。

図96 単価を「1000」に変更する

図97 実行前

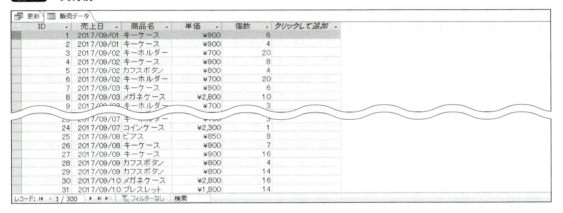

図98 実行結果

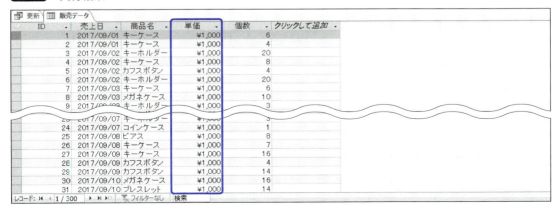

ここで、「抽出条件」欄に「<1000」という記述を加えて、1000円未満の単価をすべて1000円へ変更する、としてみましょう（**図99**）。実行すると**図101**の結果になります（**図100**はクエリの実行前）。

図99 1000円未満の単価をすべて1000円へ変更する

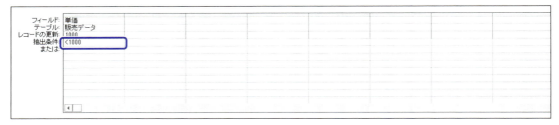

図100 実行前

図101 実行結果

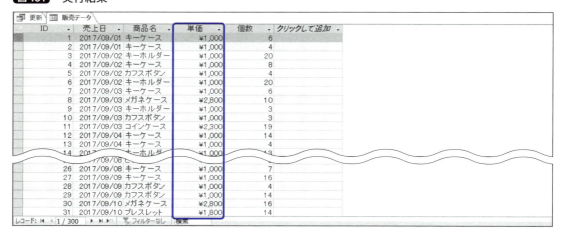

もっと柔軟に、元データに対して「単価」を一律50円増額する、ということもできます。図102のように、「レコードの更新」欄を「[単価]+50」という記述にしてみましょう。「抽出条件」欄を空にすると、すべてのレコードに適用されます。実行すると図104の結果になります（図103はクエリの実行前）。

図102　「単価」を50円増額

図103　実行前

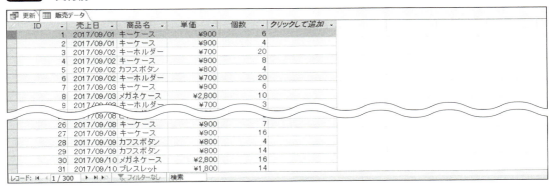

図104　実行結果

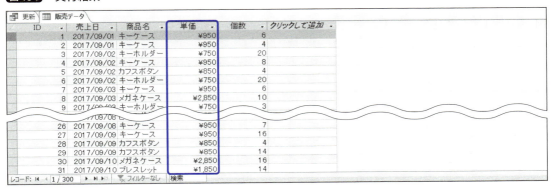

ちなみに、「レコードの更新」欄を「[単価]*1.08」とすると、税込金額に更新することができます。

今度は、ほかのフィールドを更新の条件にしてみましょう。「売上日」をデザイングリッドに追加します（図105）。

図105 デザイングリッドに「売上日」を追加

追加した「売上日」フィールドの「抽出条件」欄に、「>=#2017/11/27#」と記述します（図106）。これで、「売上日」が11月27日以降の「単価」を50円増額させることができます。実行すると図108の結果になります（図107はクエリの実行前）。

図106 条件付きで「単価」を変更

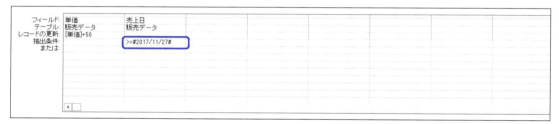

図107 実行前

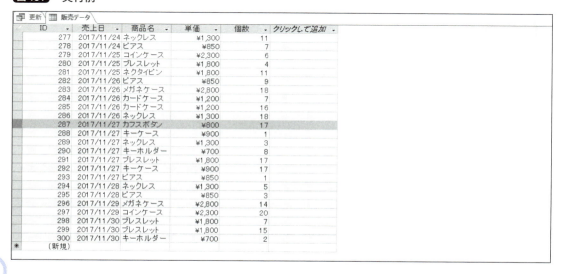

図108　実行結果

ID	売上日	商品名	単価	個数	クリックして追加
277	2017/11/24	ネックレス	¥1,300	11	
278	2017/11/24	ピアス	¥850	7	
279	2017/11/25	コインケース	¥2,300	6	
280	2017/11/25	ブレスレット	¥1,800	4	
281	2017/11/25	ネクタイピン	¥1,800	11	
282	2017/11/26	ピアス	¥850	9	
283	2017/11/26	メガネケース	¥2,800	18	
284	2017/11/26	カードケース	¥1,200	7	
285	2017/11/26	カードケース	¥1,200	16	
286	2017/11/26	ネックレス	¥1,300	18	
287	2017/11/27	カフスボタン	¥850	17	
288	2017/11/27	キーケース	¥950	1	
289	2017/11/27	ネックレス	¥1,350	3	
290	2017/11/27	キーホルダー	¥750	8	
291	2017/11/27	ブレスレット	¥1,850	17	
292	2017/11/27	キーケース	¥950	17	
293	2017/11/27	ピアス	¥900	1	
294	2017/11/28	ネックレス	¥1,350	5	
295	2017/11/28	ピアス	¥900	3	
296	2017/11/29	メガネケース	¥2,850	14	
297	2017/11/29	コインケース	¥2,350	20	
298	2017/11/30	ブレスレット	¥1,850	7	
299	2017/11/30	ブレスレット	¥1,850	15	
300	2017/11/30	キーホルダー	¥750	2	
(新規)					

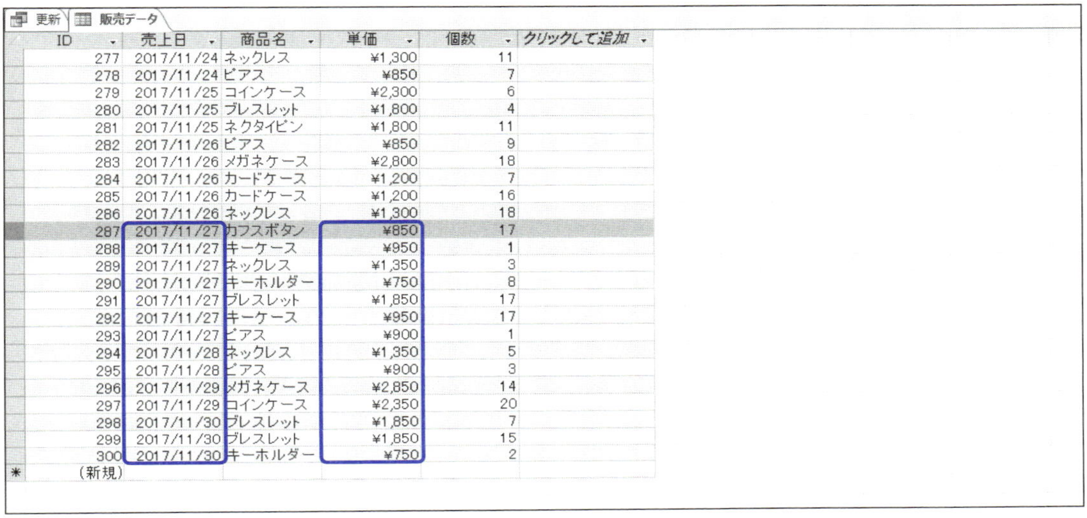

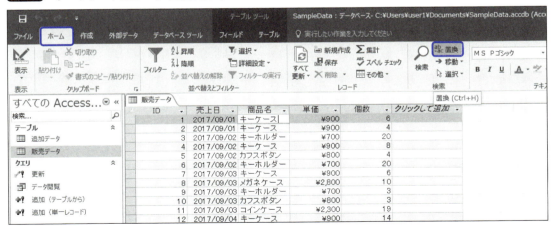

また、クエリではありませんが、単純な文字の置き換えならデータシートビューで、「置換」という機能を使うのも便利です。「販売データ」テーブルをデータシートビューで開き、商品名の「メガネ」という文字列を「眼鏡」へ置き換えてみましょう。任意のレコードの「商品名」フィールドにカーソルを置いてから、「ホーム」タブの「置換」をクリックします（**図109**）。すると、「検索と置換」というウィンドウが表示されます。ここでは**表10**を参考に、**図110**のように入力してみましょう。

図109　データシートビューで「置換」をクリック

ID	売上日	商品名	単価	個数	クリックして追加
1	2017/09/01	キーケース	¥900	6	
2	2017/09/01	キーケース	¥900	4	
3	2017/09/02	キーホルダー	¥700	20	
4	2017/09/02	キーケース	¥900	8	
5	2017/09/02	カフスボタン	¥800	4	
6	2017/09/02	キーホルダー	¥700	20	
7	2017/09/03	キーケース	¥900	6	
8	2017/09/03	メガネケース	¥2,800	10	
9	2017/09/03	キーホルダー	¥700	3	
10	2017/09/03	カフスボタン	¥800	3	
11	2017/09/03	コインケース	¥2,300	19	
12	2017/09/04	キーケース	¥900	14	

表10 「検索と置換」の設定

見出し	内容	意味
検索する文字列	検索する文字列を入力	―
置換後の文字列	置換後の文字列を入力	―
探す場所	現在のフィールド（初期値）	現在カーソルが置いてあるフィールドが対象
探す場所	現在のドキュメント	テーブル全体のフィールドが対象
検索条件	フィールドの一部分	「検索する文字列」を含むフィールドが対象
検索条件	フィールド全体（初期値）	「検索する文字列」と完全一致するフィールドが対象
検索条件	フィールドの先頭	「検索する文字列」から始まるフィールドが対象
検索方向	上へ	現在カーソルが置いてある位置から上のレコードが対象
検索方向	下へ	現在カーソルが置いてある位置から下のレコードが対象
検索方向	すべて（初期値）	すべてのレコードが対象

図110 「検索と置換」のウィンドウ

　図110の状態で「次を検索」をクリックすると、条件に合う一番最初のフィールドが選択されます。ここで「置換」をクリックすると、ひとつずつ「置換後の文字列」に置き換わり、「すべて置換」をクリックすると、図111のメッセージののち、条件に合うすべてのフィールドが置き換わります（図112）。

図111 「すべて置換」の注意メッセージ

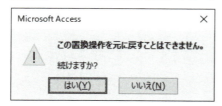

図 112 実行結果

販売データ

ID	売上日	商品名	単価	個数	クリックして追加
1	2017/09/01	キーケース	¥900	6	
2	2017/09/01	キーケース	¥900	4	
3	2017/09/02	キーホルダー	¥700	20	
4	2017/09/02	キーケース	¥900	8	
5	2017/09/02	カフスボタン	¥800	4	
6	2017/09/02	キーホルダー	¥700	20	
7	2017/09/03	キーケース	¥900	6	
8	2017/09/03	眼鏡ケース	¥2,800	10	
9	2017/09/03	キーホルダー	¥700	3	
10	2017/09/03	カフスボタン	¥800	3	
11	2017/09/03	コインケース	¥2,300	19	
12	2017/09/04	キーケース	¥900	14	
13	2017/09/04	キーケース	¥900	4	
14	2017/09/04	キーホルダー	¥700	13	
15	2017/09/04	眼鏡ケース	¥2,800	18	
16	2017/09/04	キーホルダー	¥700	3	
17	2017/09/05	ブレスレット	¥1,800	16	
18	2017/09/05	ピアス	¥850	3	
19	2017/09/06	カードケース	¥1,200	17	
20	2017/09/06	キーホルダー	¥700	19	
21	2017/09/06	眼鏡ケース	¥2,800	9	
22	2017/09/07	カードケース	¥1,200	4	
23	2017/09/07	キーホルダー	¥700	3	
24	2017/09/07	コインケース	¥2,300	1	
25	2017/09/08	ピアス	¥850	8	
26	2017/09/08	キーケース	¥900	7	
27	2017/09/09	キーケース	¥900	16	
28	2017/09/09	カフスボタン	¥800	4	
29	2017/09/09	カフスボタン	¥800	14	
30	2017/09/10	眼鏡ケース	¥2,800	16	
31	2017/09/10	ブレスレット	¥1,800	14	

レコード: 8 / 300　フィルターなし　検索

3-8-3 削除クエリ

最後に、テーブルに対して複数レコードの削除を行う、「削除クエリ」について解説しましょう。リボンの「作成」タブの「クエリデザイン」をクリックします。「テーブルの表示」のウィンドウでは、削除を実行する対象のテーブルを選択します。「販売データ」テーブルを選択して、「追加」をクリックし、ウィンドウを閉じます。

ここで、リボンの「削除」をクリックして、「削除クエリ」に変更します(**図113**)。ここで上書き保存をして、「削除」という名前でクエリを保存しておきましょう。ナビゲーションウィンドウに新しく削除クエリが追加されました(**図114**)。

CHAPTER 3　クエリ　データの検索・抽出・再計算

図113　「削除」をクリック

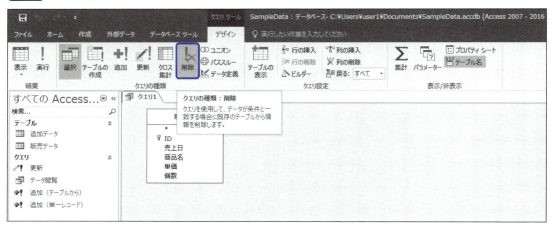

図114　削除クエリが追加された

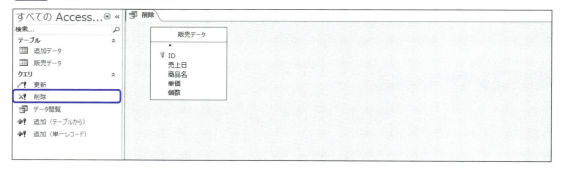

　ここから先は更新クエリと同じように、実行する際に確認メッセージが表示され、一度実行してしまうと元には戻せません。必ずバックアップをとってから行ってください。
　本書に掲載の画像は、すべて元データに戻ってからの実行結果なので、クエリを実行したご自身の環境と異なることがあります。

　削除はレコード単位となるので、デザイングリッドでは「削除するレコードの条件」となるフィールドを設定します。現在の状態（**図115**）では、「条件なし」、つまり「すべてのレコードが対象」となるので、この状態で削除クエリを実行すると、**図117**のようにすべてのレコードが削除されます（**図116**はクエリの実行前）。

3-8 アクションクエリ〜レコードの操作

図115 「条件なし」の状態

図116 実行前

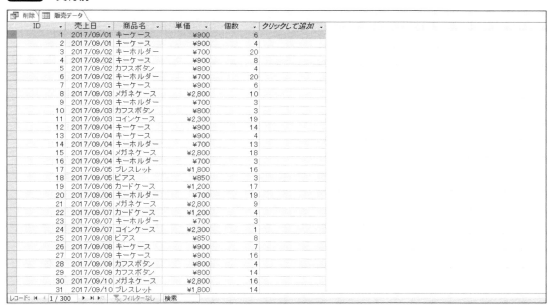

図117 実行結果

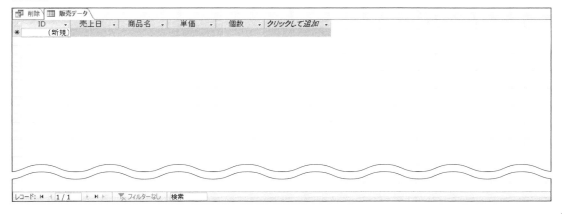

今度は削除クエリに条件を付けてみましょう。条件を付けるフィールドをデザイングリッドに加えます。例として「商品名」を追加します（図118）。

図118 デザイングリッドに「商品名」を追加

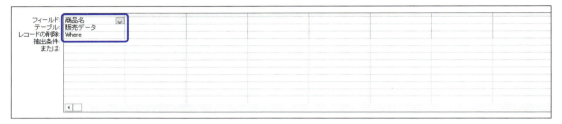

「抽出条件」欄に条件を書きます。ここでは「"キーホルダー"」としてみましょう（図119）。この削除クエリを実行すると、商品名がキーホルダーのレコードのみが削除されます（図121）。テーブルがすでに開いていた場合は削除されたレコードは「#Deleted」と表示されるので、リボンの「すべて更新」をクリックしてください（図120はクエリの実行前）。

図119 条件に合ったレコードを削除

図 120 実行前

削除 | 販売データ

ID	売上日	商品名	単価	個数	クリックして追加
1	2017/09/01	キーケース	¥900	6	
2	2017/09/01	キーケース	¥900	4	
3	2017/09/02	キーホルダー	¥700	20	
4	2017/09/02	キーケース	¥900	8	
5	2017/09/02	カフスボタン	¥800	4	
6	2017/09/02	キーホルダー	¥700	20	
7	2017/09/03	キーケース	¥900	6	
8	2017/09/03	メガネケース	¥2,800	10	
9	2017/09/03	キーホルダー	¥700	3	
10	2017/09/03	カフスボタン	¥800	3	
11	2017/09/03	コインケース	¥2,300	19	
12	2017/09/04	キーケース	¥900	14	
13	2017/09/04	キーケース	¥900	4	
14	2017/09/04	キーホルダー	¥700	13	
15	2017/09/04	メガネケース	¥2,800	18	
16	2017/09/04	キーホルダー	¥700	3	
17	2017/09/05	ブレスレット	¥1,800	16	
18	2017/09/05	ピアス	¥850	3	
19	2017/09/06	カードケース	¥1,200	17	
20	2017/09/06	キーホルダー	¥700	19	
21	2017/09/06	メガネケース	¥2,800	9	
22	2017/09/07	カードケース	¥1,200	4	
23	2017/09/07	キーホルダー	¥700	3	
24	2017/09/07	コインケース	¥2,300	1	
25	2017/09/08	ピアス	¥850	8	
26	2017/09/08	キーケース	¥900	7	
27	2017/09/09	キーケース	¥900	16	
28	2017/09/09	カフスボタン	¥800	4	
29	2017/09/09	カフスボタン	¥800	14	
30	2017/09/10	メガネケース	¥2,800	16	
31	2017/09/10	ブレスレット	¥1,800	14	

レコード: 1 / 300 フィルターなし 検索

図 121 実行結果

削除 | 販売データ

ID	売上日	商品名	単価	個数	クリックして追加
1	2017/09/01	キーケース	¥900	6	
2	2017/09/01	キーケース	¥900	4	
4	2017/09/02	キーケース	¥900	8	
5	2017/09/02	カフスボタン	¥800	4	
7	2017/09/03	キーケース	¥900	6	
8	2017/09/03	メガネケース	¥2,800	10	
10	2017/09/03	カフスボタン	¥800	3	
11	2017/09/03	コインケース	¥2,300	19	
12	2017/09/04	キーケース	¥900	14	
13	2017/09/04	キーケース	¥900	4	
15	2017/09/04	メガネケース	¥2,800	18	
17	2017/09/05	ブレスレット	¥1,800	16	
18	2017/09/05	ピアス	¥850	3	
19	2017/09/06	カードケース	¥1,200	17	
21	2017/09/06	メガネケース	¥2,800	9	
22	2017/09/07	カードケース	¥1,200	4	
24	2017/09/07	コインケース	¥2,300	1	
25	2017/09/08	ピアス	¥850	8	
26	2017/09/08	キーケース	¥900	7	
27	2017/09/09	キーケース	¥900	16	
28	2017/09/09	カフスボタン	¥800	4	
29	2017/09/09	カフスボタン	¥800	14	
30	2017/09/10	メガネケース	¥2,800	16	
31	2017/09/10	ブレスレット	¥1,800	14	
32	2017/09/10	ネクタイピン	¥1,800	19	
33	2017/09/10	メガネケース	¥2,800	20	
34	2017/09/10	ネックレス	¥1,300	6	
35	2017/09/11	コインケース	¥2,300	14	
36	2017/09/11	カフスボタン	¥800	15	
37	2017/09/11	カードケース	¥1,200	18	
38	2017/09/11	メガネケース	¥2,800	2	

レコード: 1 / 278 フィルターなし 検索

この「抽出条件」欄への条件は、3-4（P.89）、3-5（P.96）、3-6（P.100）で解説した、不等号やNot、Likeなどを使うことができ、3-7（P.103）のようにパラメータークエリにすることも可能です。もちろん、複数のフィールドを使って条件を追加することもできます。

CHAPTER 3

3-9 クエリのエクスポート
～エクセルで分析

データをグラフ化などして分析、発表に使うことまで視野に入れると、その分野にはExcelを使いたいと思うでしょう。そこで、Accessで抽出したデータをExcelで開く方法を学びましょう。

3-9-1 エクスポート

2-6（P.60）でAccessにデータを取り込む「インポート」を解説しましたが、Accessからデータを取り出して別のアプリケーションで使える状態にすることを、「エクスポート」と呼びます。選択クエリである「データ閲覧」を、Excelへエクスポートしてみましょう。

ナビゲーションウィンドウの「データ閲覧」クエリを右クリックし、「エクスポート」の「Excel」をクリックします（図122）。続いてExcelファイルの保存先と、ファイル名を指定して、「OK」をクリックします（図123）。対象がパラメータークエリになっている場合は、ここでパラメーターが要求されます。

図122 Excelへエクスポート

図123　データのエクスポート先の選択

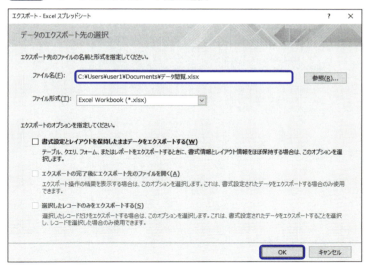

エクスポートが完了すると、図124のウィンドウが開きます。もしこの作業を繰り返し行いたい場合「エクスポート操作の保存」にチェックを入れて保存しておくと、リボンの「外部データ」タブの「保存済みのエクスポート操作」(図125)から、かんたんに実行できるようになります(図126)。

2-6-1(P.60)で「インポート操作の保存」にチェックを入れた場合も、同じ手順で実行できます。

図124　エクスポートを保存する設定

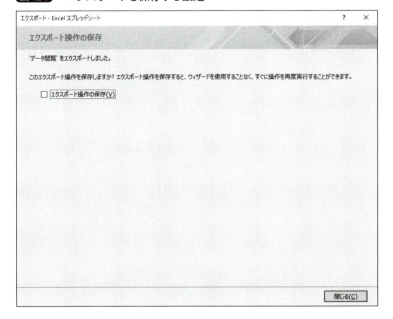

図125 「保存済みのエクスポート操作」をクリック

図126 保存済みの操作を実行する

　また、テーブルで同じ作業を行うことで、テーブルのデータをまるごとエクスポートすることもできます。

3-9-2 データの活用

保存したExcelファイルを開いてデータを確認してみましょう。シート名がクエリ名になっていますね(図127)。

図 127 エクスポートされたExcelファイル

	A	B	C	D	E	F
1	ID	売上日	商品名	単価	個数	売上
2	1	2017/9/1	キーケース	900.00	6	5,400.00
3	2	2017/9/1	キーケース	900.00	4	3,600.00
4	3	2017/9/2	キーホルダ	700.00	20	14,000.00
5	4	2017/9/2	キーケース	900.00	8	7,200.00
6	5	2017/9/2	カフスボタ	800.00	4	3,200.00
7	6	2017/9/2	キーホルダ	700.00	20	14,000.00
8	7	2017/9/3	キーケース	900.00	6	5,400.00
9	8	2017/9/3	メガネケー	2,800.00	10	28,000.00
10	9	2017/9/3	キーホルダ	700.00	3	2,100.00
11	10	2017/9/3	カフスボタ	800.00	3	2,400.00
12	11	2017/9/3	コインケー	2,300.00	19	43,700.00
13	12	2017/9/4	キーケース	900.00	14	12,600.00
14	13	2017/9/4	キーケース	900.00	4	3,600.00
15	14	2017/9/4	キーホルダ	700.00	13	9,100.00
16	15	2017/9/4	メガネケー	2,800.00	18	50,400.00
17	16	2017/9/4	キーホルダ	700.00	3	2,100.00
18	17	2017/9/5	ブレスレット	1,800.00	16	28,800.00
19	18	2017/9/5	ピアス	850.00	3	2,550.00
20	19	2017/9/6	カードケー	1,200.00	17	20,400.00
21	20	2017/9/6	キーホルダ	700.00	19	13,300.00
22	21	2017/9/6	メガネケー	2,800.00	9	25,200.00
23	22	2017/9/7	カードケー	1,200.00	4	4,800.00
24	23	2017/9/7	キーホルダ	700.00	3	2,100.00
25	24	2017/9/7	コインケー	2,300.00	1	2,300.00
26	25	2017/9/8	ピアス	850.00	8	6,800.00
27	26	2017/9/8	キーケース	900.00	7	6,300.00

データ閲覧

ただし、クエリの条件を変更した場合は、上書き保存を忘れないようにしてください。Excelには最後に保存した条件でエクスポートされますので、変更を保存していないと、Accessのデータシートビューでは変更が反映されても、Excelのエクスポートデータには反映されません。

なお、図123の「書式設定とレイアウトを保持したままデータをエクスポートする」にチェックを入れると、図128のようにAccessでのフィールドの型や幅、フィールドに設定した書式などが反映された状態でエクスポートすることができます。

CHAPTER 3 クエリ データの検索・抽出・再計算

図128 書式設定とレイアウトを保持したエクスポート

ID	売上日	商品名	単価	個数	売上
1	01-Sep-17	キーケース	¥900	6	¥5,400
2	01-Sep-17	キーケース	¥900	4	¥3,600
3	02-Sep-17	キーホルダー	¥700	20	¥14,000
4	02-Sep-17	キーケース	¥900	8	¥7,200
5	02-Sep-17	カフスボタン	¥800	4	¥3,200
6	02-Sep-17	キーホルダー	¥700	20	¥14,000
7	03-Sep-17	キーケース	¥900	6	¥5,400
8	03-Sep-17	メガネケース	¥2,800	10	¥28,000
9	03-Sep-17	キーホルダー	¥700	3	¥2,100
10	03-Sep-17	カフスボタン	¥800	3	¥2,400
11	03-Sep-17	コインケース	¥2,300	19	¥43,700
12	04-Sep-17	キーケース	¥900	14	¥12,600
13	04-Sep-17	キーケース	¥900	4	¥3,600
14	04-Sep-17	キーホルダー	¥700	13	¥9,100
15	04-Sep-17	メガネケース	¥2,800	18	¥50,400
16	04-Sep-17	キーホルダー	¥700	3	¥2,100
17	05-Sep-17	ブレスレット	¥1,800	16	¥28,800
18	05-Sep-17	ピアス	¥850	3	¥2,550
19	06-Sep-17	カードケース	¥1,200	17	¥20,400
20	06-Sep-17	キーホルダー	¥700	19	¥13,300
21	06-Sep-17	メガネケース	¥2,800	9	¥25,200
22	07-Sep-17	カードケース	¥1,200	4	¥4,800
23	07-Sep-17	キーホルダー	¥700	3	¥2,100
24	07-Sep-17	コインケース	¥2,300	1	¥2,300
25	08-Sep-17	ピアス	¥850	8	¥6,800
26	08-Sep-17	キーケース	¥900	7	¥6,300

CHAPTER 4

リレーションシップ
複数テーブルでの運用

CHAPTER 4

4-1 リレーションシップの有効性
～テーブル1つでは無駄が多い

CHAPTER 3までは、データベースには1つのテーブルのみが存在するという前提で解説してきました。しかし、実際の運用を想定すると、テーブルが1つだけではテーブル内の情報が多くなり、フィールドが増えて管理の効率が悪くなってしまいます。

4-1-1 複数テーブルで最低限のデータだけ格納する

　CHAPTER 4フォルダーのbeforeフォルダーに入っているSampleData.accdbを開いてみましょう。ここに「初期テーブル」という名前のテーブルが1つあり、データシートビューで中身を見てみると、図1のようになっています。

図1 「初期テーブル」の内容

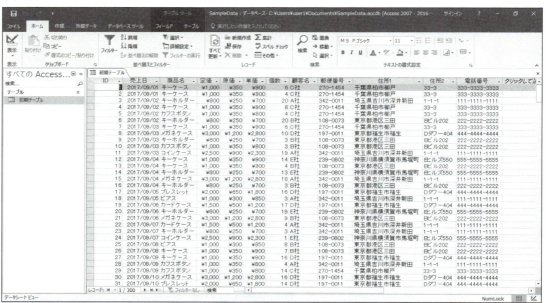

4-1 リレーションシップの有効性〜テーブル1つでは無駄が多い

　このデータはCHAPTER 3までのテーブルに、さらに詳細なフィールドを付け足したものです。販売情報に加えて、商品情報、販売先の顧客情報を持っています。これだけ情報が増えれば、販売先の会社住所もわかるし、販売されたアイテムの利益の計算などもできるようになります。

　データが増えれば活用の幅も広がって便利になっていくのですが、その半面、フィールドが増えすぎるとデータベースとしては非効率な管理になってしまいがちです。

　たとえば図1の「キーケース」に関する情報について見てみましょう。2-3-1 (P.37) で解説したように「単価」は変動する可能性があるとしても、「商品名」「定価」「原価」に関しては、まったく同じデータです。顧客情報も、ひとつの会社に対する住所や電話番号は同じですよね (図2)。

図2　重複しているデータ

CHAPTER 4 リレーションシップ 複数テーブルでの運用

　さまざまなデータを一括で管理するという目的に対しては、確かにこれらはすべて必要な情報です。しかし、レコードが増えていったときに重複データで容量を圧迫してしまってはもったいないですよね。データベースは、テーブルにできるだけ無駄なデータを持たないように設計するのが基本です。

　そのため、図1のように1つのテーブルにたくさんの情報が混在している場合は、情報を分類し、同じ情報を持つグループに分けてしまいます。それらを違うテーブルに格納することで、無駄なデータを持たずに、とても効率的な管理ができるようになるのです。

図3 テーブルを分割する

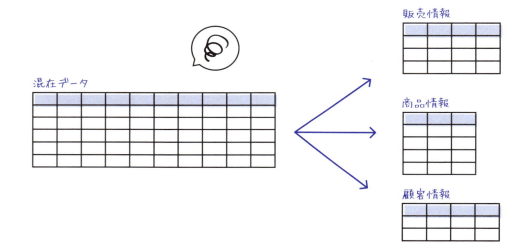

4-1-2 リレーションシップで効率的に使う

とはいえ情報を分けてしまったら、販売情報があっても「なにを売ったか」「誰に売ったか」わからない、ということはないのでしょうか？

もちろんそのようなことが起こらないよう、販売テーブルにはレコードごとに鍵を持たせます。その鍵を持っていれば、商品情報や顧客情報の中で鍵の合うデータを見つけられるのです。

図4 テーブルは鍵を持っている

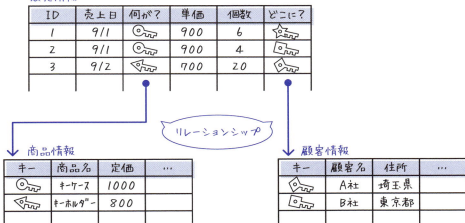

このように鍵を持たせてテーブルを関連付けることを、**リレーションシップ**または**リレーションを張る**といいます。この仕組みを使うことで、テーブルに格納するデータは必要最低限で済み、ほしいときだけ鍵を使って別のテーブルから借りてくればよいのです。

CHAPTER 4

4-2 トランザクションテーブルとマスターテーブル〜複数テーブルの考え方

テーブルはグループで分けるという解説をしましたが、そのグループにも特性があります。特性をどのように見極め、どのようにテーブルを設計していけばよいのでしょうか?

4-2-1 マスターテーブル

まずは、データが混在しているテーブルのフィールドをひとつずつ見て、それが「なにに対するデータ」で、「いつも同じかどうか」を考えましょう（図5）。

図5 データを分類する

「単価」に関しては、商品に対するデータなので「商品情報」のように思えるかもしれませんが、ほかのデータとよく見比べてみましょう。「商品名」「定価」「原価」は、1つの製品に対していつも同じです。しかし「単価」に価格改定や一時的な割引の可能性があるならば、それは「商品情報」には含めず、販売のたびに変動のある「販売情報」の分類に入れておきましょう。

重要なことは、「いつも同じデータ」と「そうでないデータ」は性質が違うので、違う分類にしておくということです。

分類後の「商品情報」と「顧客情報」は、1つの商品や顧客に対していつも同じ内容で、一度設定したら頻繁に変わるものではありません。このように基本的には変化が少なく、変わったときにはすべてに適用したい、そういったある特定の情報の基礎となるデータを**マスターデータ**と呼び、マスターデータを管理するテーブルを**マスターテーブル**と呼びます。

図6 マスターテーブル

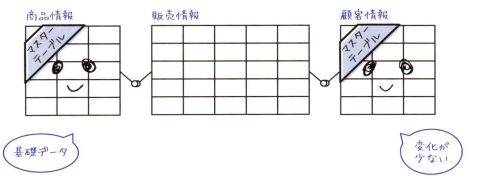

4-2-2 トランザクションテーブル

マスターデータを変化の少ない「静」のデータとするならば、それと対象的に、日々の業務でそのつど追加されていく「動」のデータを**トランザクションデータ**と呼び、トランザクションデータを管理するテーブルを**トランザクションテーブル**と呼びます。分類した「販売情報」はこれにあたります。

トランザクションテーブルは更新頻度が高く、レコードがどんどん増えていく性質のものです。そこで「いつも同じデータ」はマスターテーブルに格納しておいて、トランザクションテーブルでは「鍵」だけを持たせるのです。必要な際に「鍵」を使ってマスターテーブルから必要なデータをだけを取りに行くというイメージです。

図7 トランザクションテーブル

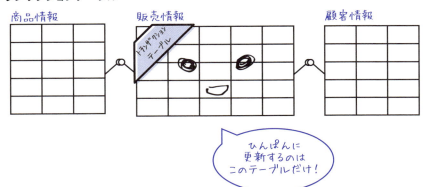

CHAPTER 4 リレーションシップ 複数テーブルでの運用

ほかの例として社員の出退勤を管理するデータベースを想定すると、図8のように日々変動するデータをトランザクションテーブルとし、社員に関するデータをマスターテーブルとしておけます。こうしておけば、社員の情報は一度入力してしまうと、日々の記録は最低限のデータだけでよくなります。

図8 出退勤管理の場合

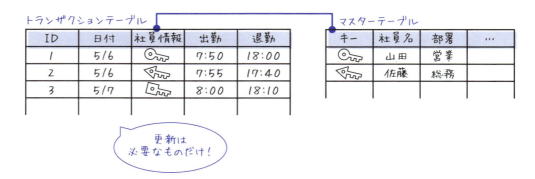

さて、ここで「単価」のことを思い出してみましょう。もし「単価」を「商品情報」のマスターテーブルに含めていたら、トランザクションテーブルからは「単価」フィールドがなくマスターテーブルから「いつも同じ単価」を参照することしかできません。「今日だけ10%OFF」「この期間だけキャンペーン価格」というデータを利用することができません。このため、本書では「単価」をトランザクションテーブルに分類します。

図9 変動のあるフィールドをマスターテーブルに入れてしまうと

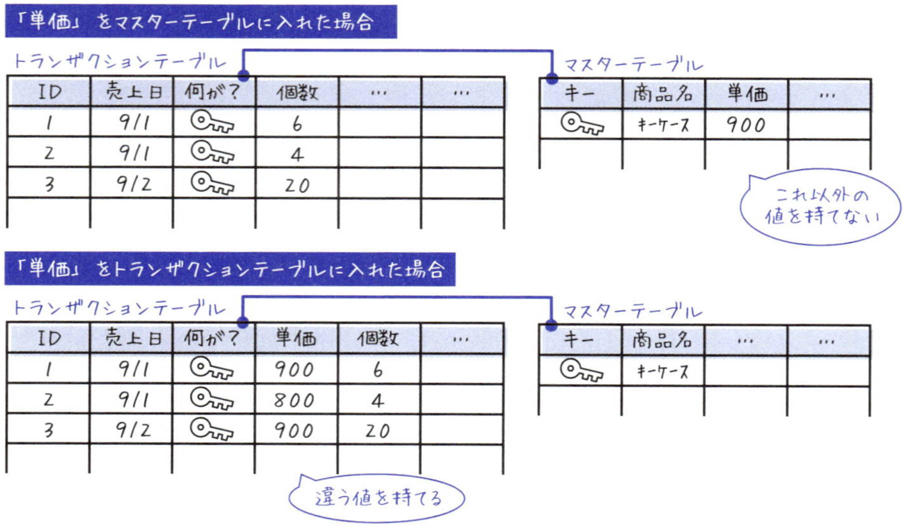

4-2-3 主キーと外部キー

ここまでテーブル間のリレーションシップを「鍵」というイメージで表してきましたが、もう少し具体的に見てみましょう。

最初からあった「ID」は販売情報(トランザクションテーブル)に対しての主キーですが、分割したマスターテーブルにも主キーが必要です。すべて「ID」だと区別しづらいので、それぞれの目的に合わせて「販売ID」「商品ID」「顧客ID」とします。

このとき、販売情報でほかのテーブルのレコードを特定するために持たせる「鍵」が、そのテーブルの主キーです。ここで、販売テーブルが持つほかのテーブルの主キーのフィールドのことを、**外部キー**と呼びます。

図10 主キーと外部キー

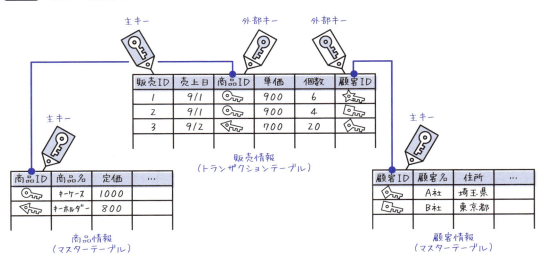

主キーの付け方に関して、トランザクションテーブルはレコードの増減が頻繁なのでIDを毎回記入するのがわずらわしいこともあり、オートナンバー型がよく使われます。対して、マスターデータの主キーは「A-001」などのように、テキスト型でアルファベットなどを組み合わせて使うケースが多く見られます。

主キーはテーブル内のレコードを識別するためのものなので、もちろんマスターテーブルの主キーにオートナンバーを使っても構いません。ただ、トランザクションテーブルを見たときに、外部キーとしてマスターテーブルの主キーが表示されることになるので、ただの数字よりは、多少は意味のあるもののほうがわかりやすいという理由からだと推測されます。

図11 外部キーとしての視認性

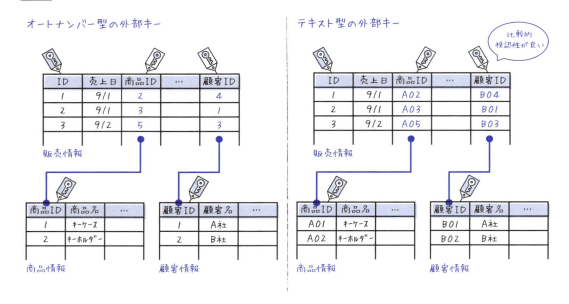

　ただし、主キーは一度設定したら変更することができないので、あまり意味を持たせすぎるのもよくありません。そのマスターデータの内容が変わったときに主キーも変えたくなるほどに意味のある文字列にしてしまうと、かえって扱いにくくなってしまいます。

　また、頭にゼロを付けた数値はテキスト型となります。このとき、最初に「01」で設定したのに運用したら「99」を超えて桁が足りなくなったりしないよう、最初に主キーを設定するときは先の可能性を十分に検討しましょう。

図12 主キーに意味を持たせすぎない

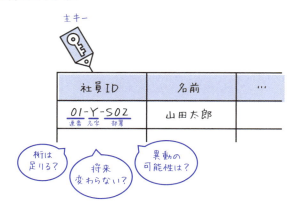

CHAPTER 4

4-3 テーブル分割 ～効率的な運用へ

それでは「初期テーブル」となっているテーブルを、「販売情報」「商品情報」「顧客情報」の3つのテーブルに分割してリレーションを張るところまでを、具体的に作業しながら学んでいきましょう。

4-3-1 マスターテーブルを作成する

まずは「商品情報」のフィールドだけを抽出した選択クエリを作成します。

「作成」タブの「クエリデザイン」をクリックし（図13）、「テーブルの表示」のウィンドウで「初期テーブル」を追加し（図14）、ウィンドウを閉じます。

図13 「クエリデザイン」をクリック

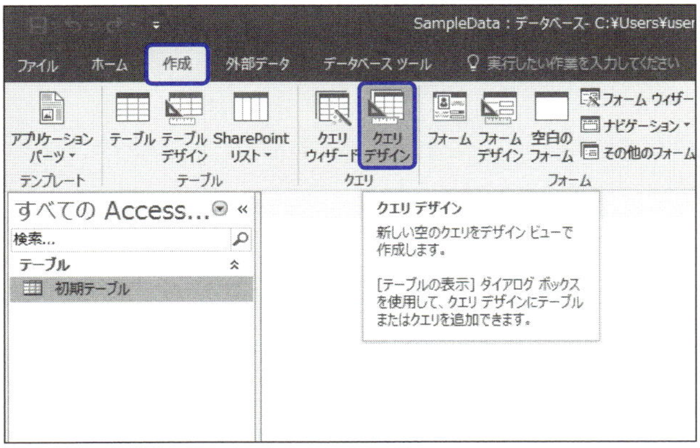

図14 「初期テーブル」を追加

CHAPTER 4 リレーションシップ 複数テーブルでの運用

　この選択クエリはデータ分割の一時的なものなので「一時クエリ」という名前にしておきましょう。「商品名」「定価」「原価」のフィールドをダブルクリック、またはドラッグでデザイングリッドへ追加し（図15）、試しにこのクエリを実行してみます（図16）。

図15　フィールドを指定

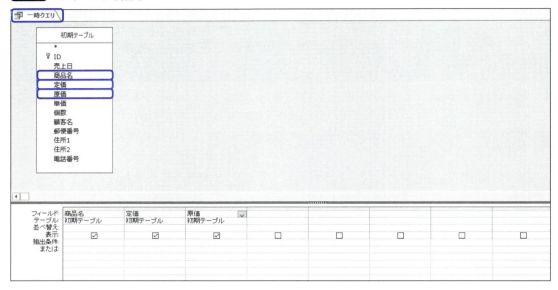

図16　実行結果

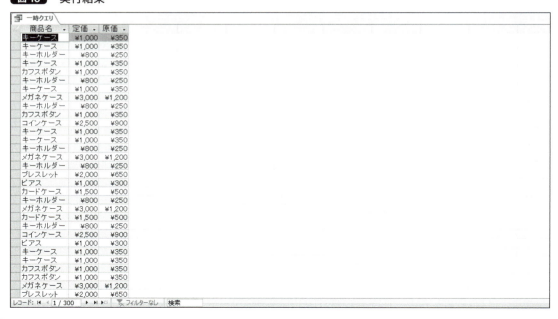

指定のフィールドだけを抽出することはできましたが、「初期テーブル」のレコード数と同じだけ抽出されているので、たくさんレコードが重複しています。ここで 3-3-3（P.87）で解説した「集計」を使って、同じフィールドをグループ化してまとめてみましょう。デザインビューへ戻って、リボンの「集計」をクリックし（図17）、再度実行します（図18）。

図17 「集計」でグループ化

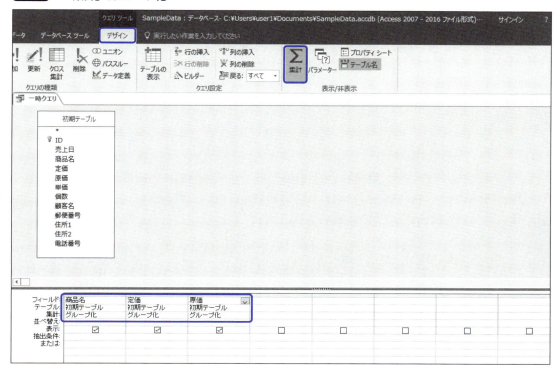

図18 実行結果

重複データがグループ化され、一意のレコードのみとなりました。結果はAccessが判断した任意の並び順になっているので、並び順に希望がある場合は、デザイングリッドの「並び替え」欄で指定することができます。

希望のデータが抽出できたら、またデザインビューへ戻り、リボンの「テーブルの作成」をクリックします（図19）。

図19 「テーブルの作成」をクリック

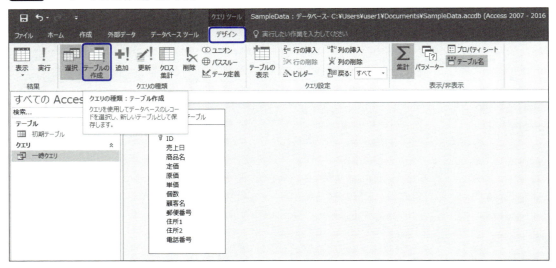

「テーブルの作成」のウィンドウは選択式になっていますが、直接入力もできるので、ここへ新しいテーブル名を入力します。

一般的にマスターテーブルは、ひと目でそれとわかるよう「〇〇マスター」といったテーブル名を付けることが多いので、「商品マスター」というテーブル名にして、「OK」をクリックします（図20）。

図20 「テーブルの作成」ウィンドウ

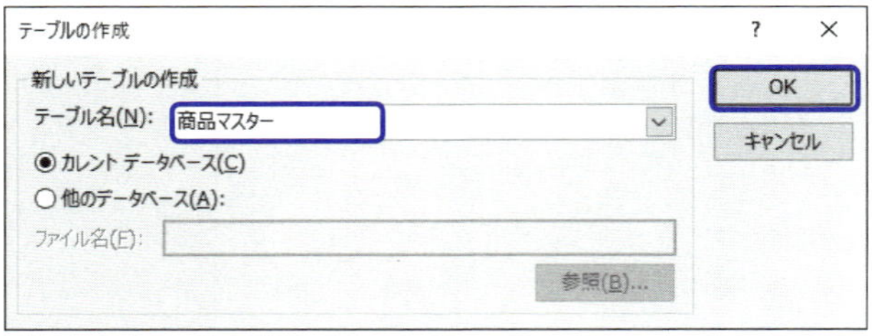

「選択」クエリから「テーブルの作成」クエリに変更されました。「実行」をクリックし（図21）、確認メッセージで「はい」をクリックすると（図22）、「商品マスター」というテーブルができました！（図23）。ナビゲーションウィンドウでテーブル名をダブルクリックするとデータシートビューで開きますので、「商品マスター」の中身を確認してみましょう。「一時クエリ」で選択したデータがちゃんと入っていますね。

4-3 テーブル分割～効率的な運用へ

図21 「テーブルの作成」クエリの実行

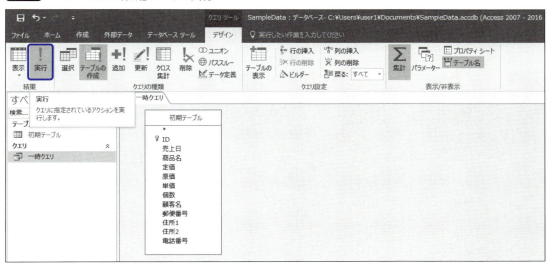

図22 確認メッセージ

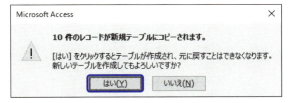

図23 「商品マスター」テーブルの中身

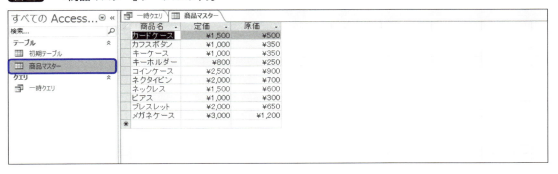

次に、この「商品マスター」に主キーとなるフィールドを作成します。「商品マスター」の表示をデザインビューへ切り替え、先頭行の任意の場所を右クリックし「行の挿入」をクリックします（図24）。リボンの「デザイン」タブの「行の挿入」からも行えます。

図24 「行の挿入」をクリック

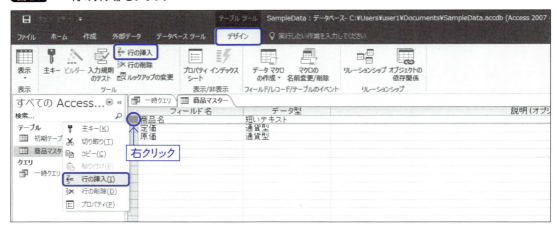

新しく挿入された行を「商品ID」というフィールド名にします。データ型は数値でもオートナンバーでもよいですが、ここでは「短いテキスト」を選択しましょう（図25）。

図25 新しいフィールドの設定

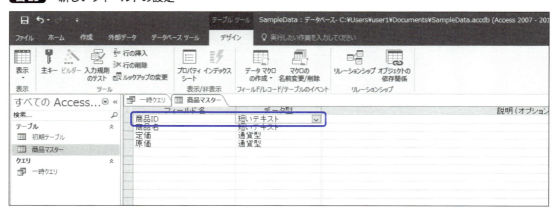

ここでテーブルの変更を保存し、データシートビューに切り替えます。新しく作成された「商品ID」フィールドは、あたりまえですが、なにも入っていません（図26）。

図26 「商品マスター」テーブルのデータシートビュー

主キーは空では設定できないので、先に「商品ID」フィールドを入力してから主キーを設定します。本書では、Product（商品）の頭文字をとって「P000」という形にしてみます（**図27**）。

図27 「商品ID」フィールドに入力

デザインビューに戻って、「商品ID」行の任意の場所を右クリックし、「主キー」をクリックします（**図28**）。リボンの「デザイン」タブの「主キー」からも行えます。

図28 主キーの設定

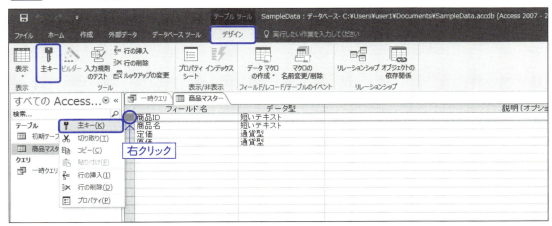

「商品ID」の左端に、鍵マークが表示されました（図29）。これが主キーのマークです。これで、「商品マスター」テーブルが完成しました。テーブルは保存して閉じておきましょう。

図29 「商品マスター」テーブルの完成

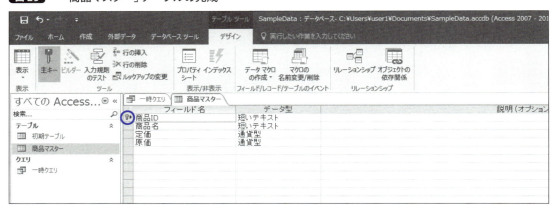

続いて、同じ手順で「顧客情報」のみを抽出して「顧客マスター」テーブルを作成してみましょう。「一時クエリ」をいったん削除して、新規クエリから作成し直してもよいですが、ここでは「一時クエリ」を再利用してみます。

デザインビュー表示にして、「一時クエリ」のデザイングリッドの上端をドラッグしてフィールドを選択し、Delete キーで削除します（図30）。

図30 フィールドを削除

今度は「顧客情報」に関する、「顧客名」「郵便番号」「住所1」「住所2」「電話番号」のフィールドを、ダブルクリックまたはドラッグでデザイングリッドへ追加します（図31）。

4-3 テーブル分割〜効率的な運用へ

図31 フィールドの追加

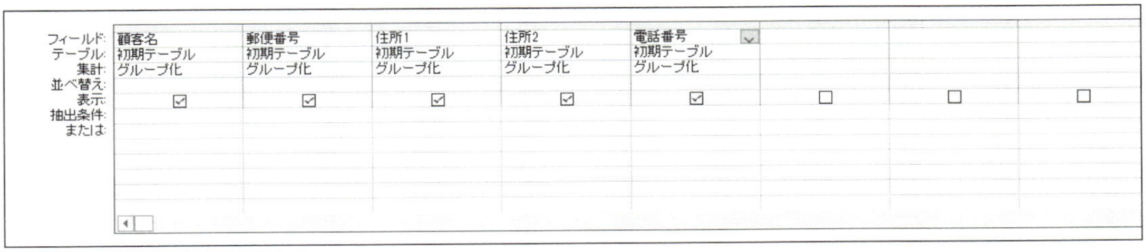

この時点ですでに「集計」が選択されているので、この状態で重複データはグループ化されます。現在のクエリは「テーブルの作成」クエリなので、どんなデータが抽出されるか確認したい場合、データシートビューに表示を切り替えます（図32）。問題がなければ、またデザインビューに戻りましょう。

図32 データシートビューに表示を切り替える

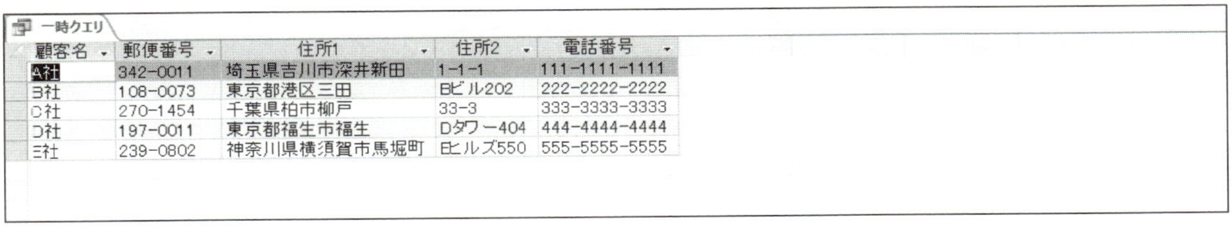

さて、このクエリは追加先の新規テーブルの名称が「商品マスター」になっているので、このまま実行すると上書きしてしまいます。ここでもう一度「デザイン」タブの「テーブルの作成」をクリックして、「テーブルの作成」のウィンドウが表示されたら、「テーブル名」を「顧客マスター」へ変更します（図33）。

図33 テーブル名の変更

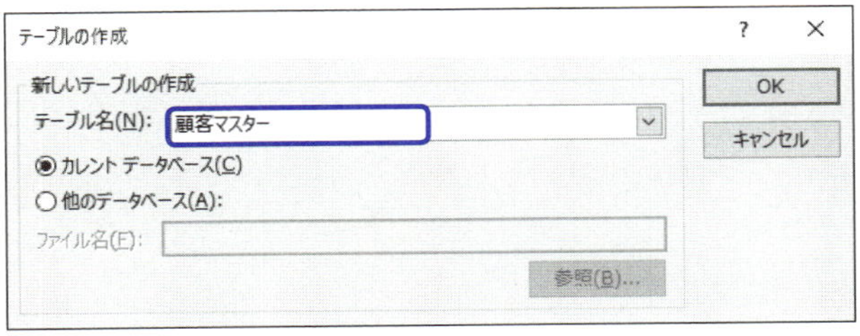

これで「実行」をクリックし、表示された確認メッセージで「はい」をクリックすると、「顧客マスター」というテーブルが作成されます。テーブルをデータシートビューで確認すると、**図34**のようになります。

CHAPTER 4 リレーションシップ 複数テーブルでの運用

図34 「顧客マスター」テーブルの中身

それでは、同じようにこのテーブルにも主キーを作成します。デザインビューへ切り替えて先頭に行を挿入し、図35のように「顧客ID」のフィールドを作成します（図35）。

図35 新しいフィールドの設定

また、各フィールドはもとのテーブルと同じデータ型になりますが、詳細な設定は引き継がれません。「郵便番号」にハイフンを入れるには、「郵便番号」フィールドを選択して、フィールドプロパティの「定型入力」の […] をクリックし（図36）、「郵便番号」を選択して「完了」をクリックします（図37）。

図36 「定型入力」の設定

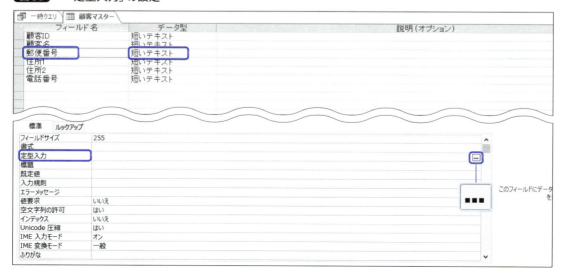

図37 「定型入力ウィザード」のウィンドウ

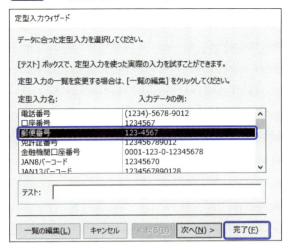

また、「郵便番号」を利用して住所を自動入力させることもできます。「住所1」の「住所入力支援」の […] をクリックします（図38）。

図38 「住所入力支援」の実行

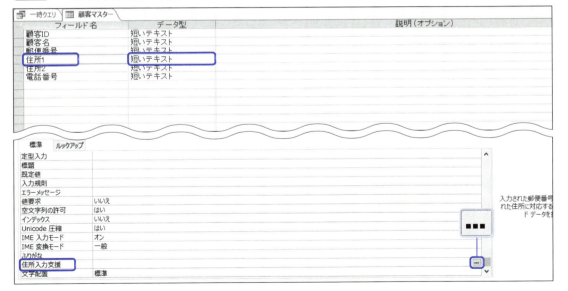

「郵便番号」フィールドを選び、「次へ」をクリックし（図39）、住所を自動入力するフィールドを選択します。

図39 「郵便番号」を選択

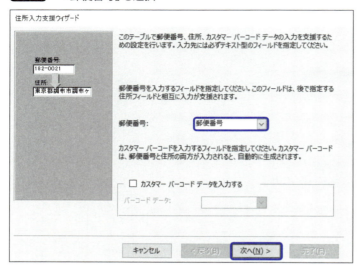

細かく分割することもできますが、ここでは「分割なし」で「住所1」フィールドを選択し、「完了」をクリックします（図40）。すでにデータが入っている場合は確認メッセージが出ます。

図40 郵便番号に対応した住所の格納方法

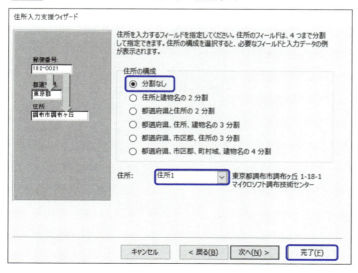

作成したテーブルを保存してデータシートビューに切り替え、「顧客ID」フィールドを入力します。本書では、Customer（顧客）の頭文字をとって「C000」という形にしてみます（図41）。

図41 「顧客ID」フィールドに入力

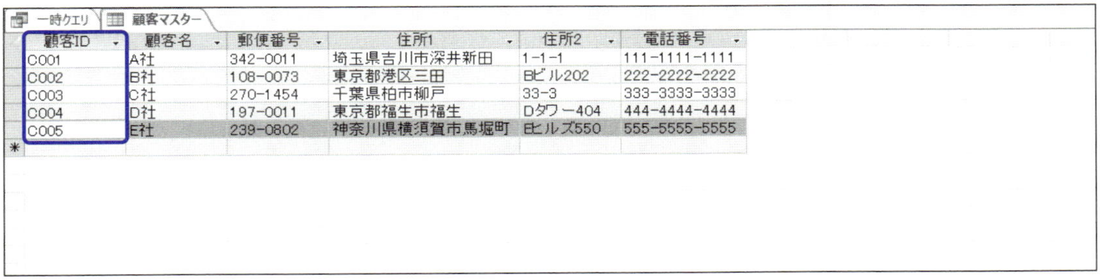

データシートビューに戻って、「顧客ID」を主キーに設定します（図42）。これで、「顧客マスター」テーブルも完成しました。

図42 主キーを設定して完成

4-3-2 トランザクションテーブルに外部キーのフィールドを作成する

各マスターテーブルで主キーとなっているフィールドを、トランザクションテーブル側にも作成します。新規フィールドを作ってもよいですが、本書では既存のフィールドを置き換える方法を紹介します。

「初期テーブル」をデザインビューで開き、フィールド名を「商品名」から「商品ID」へ、「顧客名」から「顧客ID」へ変更しておきます（図43）。これから、このフィールドを各マスターテーブルの主キーに置き換えます。

ついでに、もともとの「ID」も「販売ID」に変更しておくとわかりやすくなります。

CHAPTER 4 リレーションシップ 複数テーブルでの運用

図43 内容を置き換えるため、名称をIDへ

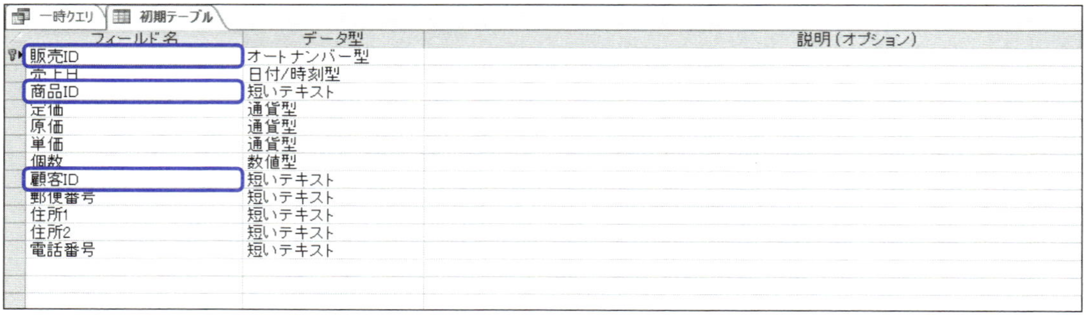

 既存のフィールドを置き換える方法は、更新クエリを使う方法と、データシートビューから置換する方法の2種類がありますので、順番に解説します。お好みの方法で実行してください。

 まずは更新クエリを使う方法からです。新規のクエリを作ってもよいですし、既存の「一時クエリ」を「デザイン」タブから「更新」をクリックすれば、クエリの種類を更新クエリに変更することもできるので、どちらでも構いません。ただし、既存のクエリを開いたままだとフィールド名が最新の状態になっていないので、クエリを一度閉じて、デザインビューで開き直しましょう。

 いずれかの方法で、図44のようにデザイングリッドに「商品ID」が追加された更新クエリを作成します。

図44 更新クエリ

 図45のように「商品名」を「抽出条件」欄に、それに対応する「商品ID」を「レコードの更新」欄に書きます。

図45 「商品名」を「商品ID」に置き換える条件

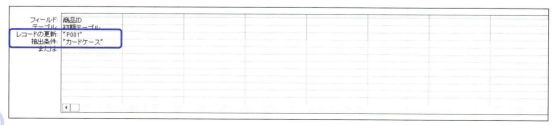

このクエリを実行すると、図46のように、「カードケース」だったフィールドが「P001」に置き換わりました。

図46 実行結果

表の内容（抜粋）：販売ID 19、22 の商品IDが「P001」に置き換わっている。

表1 商品対応表

商品名	商品ID
カードケース	P001
カフスボタン	P002
キーケース	P003
キーホルダー	P004
コインケース	P005
ネクタイピン	P006
ネックレス	P007
ピアス	P008
ブレスレット	P009
メガネケース	P010

表1を参考に、同じ要領で「P010」まで実行すると、図47のようにすべての「商品名」を「商品ID」へ置き換えることができます。

CHAPTER 4 リレーションシップ 複数テーブルでの運用

図47 すべての「商品名」が「商品ID」へ

販売ID	売上日	商品ID	定価	原価	単価	個数	顧客ID	郵便番号	住所1	住所2	電話番号
1	2017/09/01	P003	¥1,000	¥350	¥900	6	C社	270-1454	千葉県柏市柳戸	33-3	333-3333-3333
2	2017/09/01	P003	¥1,000	¥350	¥900	4	C社	270-1454	千葉県柏市柳戸	33-3	333-3333-3333
3	2017/09/02	P004	¥800	¥250	¥700	20	A社	342-0011	埼玉県吉川市深井新田	1-1-1	111-1111-1111
4	2017/09/02	P003	¥1,000	¥350	¥900	8	C社	270-1454	千葉県柏市柳戸	33-3	333-3333-3333
5	2017/09/02	P002	¥1,000	¥350	¥800	4	C社	270-1454	千葉県柏市柳戸	33-3	333-3333-3333
6	2017/09/03	P004	¥800	¥250	¥700	20	B社	108-0073	東京都港区三田	Bビル202	222-2222-2222
7	2017/09/03	P003	¥1,000	¥350	¥900	6	C社	270-1454	千葉県柏市柳戸	33-3	333-3333-3333
8	2017/09/03	P010	¥3,000	¥1,200	¥2,800	10	D社	197-0011	東京都福生市福生	Dタワー404	444-4444-4444
9	2017/09/03	P004	¥800	¥250	¥700	3	B社	108-0073	東京都港区三田	Bビル202	222-2222-2222
10	2017/09/03	P002	¥1,000	¥350	¥800	3	B社	108-0073	東京都港区三田	Bビル202	222-2222-2222
11	2017/09/04	P005	¥2,500	¥900	¥2,300	19	A社	342-0011	埼玉県吉川市深井新田	1-1-1	111-1111-1111
12	2017/09/04	P003	¥1,000	¥350	¥900	14	E社	239-0802	神奈川県横須賀市馬堀町	Eヒルズ550	555-5555-5555
13	2017/09/04	P003	¥1,000	¥350	¥900	4	B社	108-0073	東京都港区三田	Bビル202	222-2222-2222
14	2017/09/04	P004	¥800	¥250	¥700	13	E社	239-0802	神奈川県横須賀市馬堀町	Eヒルズ550	555-5555-5555
15	2017/09/04	P010	¥3,000	¥1,200	¥2,800	18	A社	342-0011	埼玉県吉川市深井新田	1-1-1	111-1111-1111
16	2017/09/04	P004	¥800	¥250	¥700	3	B社	108-0073	東京都港区三田	Bビル202	222-2222-2222
17	2017/09/05	P009	¥2,000	¥650	¥1,800	16	D社	197-0011	東京都福生市福生	Dタワー404	444-4444-4444
18	2017/09/05	P008	¥1,000	¥300	¥850	3	A社	342-0011	埼玉県吉川市深井新田	1-1-1	111-1111-1111
19	2017/09/06	P001	¥1,500	¥500	¥1,200	17	D社	197-0011	東京都福生市福生	Dタワー404	444-4444-4444
20	2017/09/06	P004	¥800	¥250	¥700	19	E社	239-0802	神奈川県横須賀市馬堀町	Eヒルズ550	555-5555-5555
21	2017/09/06	P010	¥3,000	¥1,200	¥2,800	9	B社	108-0073	東京都港区三田	Bビル202	222-2222-2222
22	2017/09/07	P001	¥1,500	¥500	¥1,200	4	A社	342-0011	埼玉県吉川市深井新田	1-1-1	111-1111-1111
23	2017/09/07	P004	¥800	¥250	¥700	3	A社	342-0011	埼玉県吉川市深井新田	1-1-1	111-1111-1111
24	2017/09/07	P005	¥2,500	¥900	¥2,300	1	E社	239-0802	神奈川県横須賀市馬堀町	Eヒルズ550	555-5555-5555
25	2017/09/08	P008	¥1,000	¥300	¥850	8	B社	108-0073	東京都港区三田	Bビル202	222-2222-2222
26	2017/09/08	P003	¥1,000	¥350	¥900	7	B社	108-0073	東京都港区三田	Bビル202	222-2222-2222
27	2017/09/08	P003	¥1,000	¥350	¥900	16	D社	197-0011	東京都福生市福生	Dタワー404	444-4444-4444
28	2017/09/09	P002	¥1,000	¥350	¥800	4	A社	342-0011	埼玉県吉川市深井新田	1-1-1	111-1111-1111
29	2017/09/09	P002	¥1,000	¥350	¥800	14	C社	270-1454	千葉県柏市柳戸	33-3	333-3333-3333
30	2017/09/10	P010	¥3,000	¥1,200	¥2,800	16	D社	197-0011	東京都福生市福生	Dタワー404	444-4444-4444
31	2017/09/10	P009	¥2,000	¥650	¥1,800	14	D社	197-0011	東京都福生市福生	Dタワー404	444-4444-4444

今度は「顧客名」を「顧客ID」に置き換えます。デザイングリッドの「商品ID」を削除して「顧客ID」を追加し、**図48**のように「顧客名」を「抽出条件」欄に、それに対応する「顧客ID」を「レコードの更新」欄に書きます。

「顧客名」も同じように**表2**のとおり変更するため「C005」まで実行すると、**図49**のように、すべての「顧客名」を「顧客ID」へ置き換えることができました。

図48 「顧客名」を「顧客ID」に置き換える条件

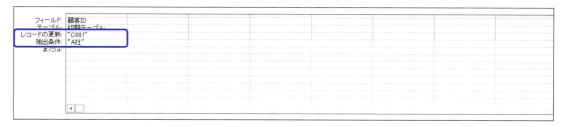

4-3 テーブル分割〜効率的な運用へ

表2 顧客対応表

顧客名	顧客ID
A社	C001
B社	C002
C社	C003
D社	C004
E社	C005

図49 すべての「顧客名」が「顧客ID」へ

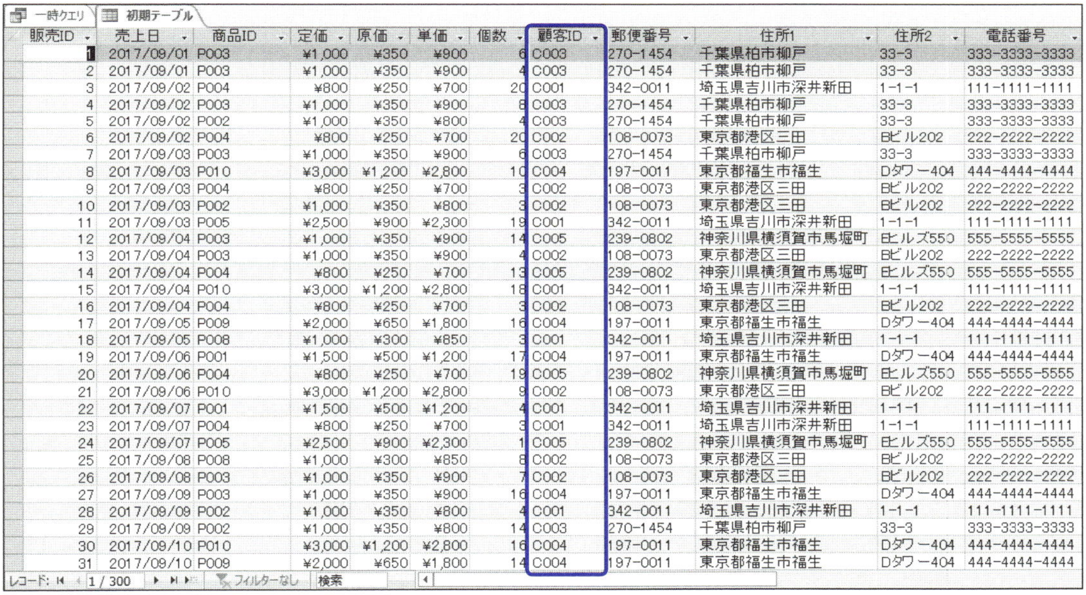

次に紹介するのは、クエリを使わずにデータシートビューから置換する方法です。

「初期テーブル」をデータシートビューで開き、対象である「商品ID」フィールドの任意の位置にカーソルを置いて「ホーム」タブの「置換」をクリックします（図50）。

図50 データシートビューで置換する

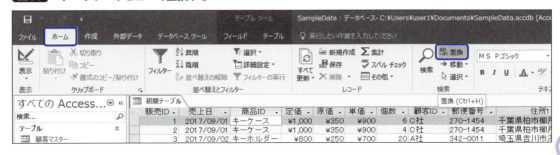

CHAPTER 4 リレーションシップ　複数テーブルでの運用

図51のように「検索する文字列」と「置換後の文字列」を入力し、「すべて置換」をクリックします。

図51　「検索と置換」のウィンドウ

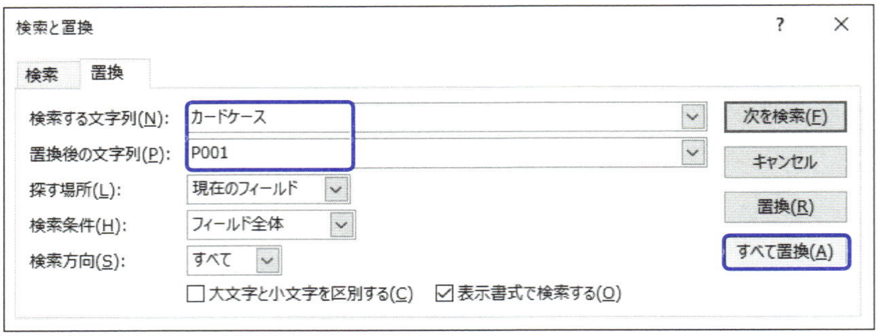

「カードケース」だったフィールドが「P001」に置き換わりました（図52）。

図52　置換した結果

表1、表2を参考に、同じ要領で置換します。「探す場所」が「現在のフィールド」になっている場合は、カーソルのあるフィールドしか検索しないので、「顧客ID」を置換する際はカーソルの位置に注意してください。

4-3-3 不要フィールドを削除する

これで、「初期テーブル」に「商品マスター」テーブルの「商品ID」フィールドと「顧客マスター」テーブルの「顧客ID」フィールドを持たせることができました（**図53**）。これが、**4-2-3**（P.143）で解説した外部キーになります。

図53 IDを持った「初期テーブル」

初期テーブル

販売ID	売上日	商品ID	定価	原価	単価	個数	顧客ID	郵便番号	住所1	住所2	電話番号	ク
1	2017/09/0	P003	¥1,000	¥350	¥900		C003	270-1454	千葉県柏市柳戸	33-3	333-3333-3333	
2	2017/09/0	P003	¥1,000	¥350	¥900		C003	270-1454	千葉県柏市柳戸	33-3	333-3333-3333	
3	2017/09/0	P004	¥800	¥250	¥700	2	C001	342-0011	埼玉県吉川市深井新田	1-1-1	111-1111-1111	
4	2017/09/0	P003	¥1,000	¥350	¥900		C003	270-1454	千葉県柏市柳戸	33-3	333-3333-3333	
5	2017/09/0	P002	¥1,000	¥350	¥800		C003	270-1454	千葉県柏市柳戸	33-3	333-3333-3333	
6	2017/09/0	P004	¥800	¥250	¥700	2	C002	08-0073	東京都港区三田	Bビル202	222-2222-2222	
7	2017/09/0	P003	¥1,000	¥350	¥900		C003	270-1454	千葉県柏市柳戸	33-3	333-3333-3333	
8	2017/09/0	P010	¥3,000	¥1,200	¥2,800	1	C004	97-0011	東京都福生市福生	Dタワー404	444-4444-4444	
9	2017/09/0	P004	¥800	¥250	¥700		C002	08-0073	東京都港区三田	Bビル202	222-2222-2222	
10	2017/09/0	P002	¥1,000	¥350	¥800		C002	08-0073	東京都港区三田	Bビル202	222-2222-2222	
11	2017/09/0	P005	¥2,500	¥900	¥2,300	1	C001	342-0011	埼玉県吉川市深井新田	1-1-1	111-1111-1111	
12	2017/09/0	P003	¥1,000	¥350	¥900	1	C005	239-0802	神奈川県横須賀市馬堀町	Eヒルズ550	555-5555-5555	
13	2017/09/0	P003	¥1,000	¥350	¥900		C002	08-0073	東京都港区三田	Bビル202	222-2222-2222	
14	2017/09/0	P004	¥800	¥250	¥700	1	C005	239-0802	神奈川県横須賀市馬堀町	Eヒルズ550	555-5555-5555	
15	2017/09/0	P010	¥3,000	¥1,200	¥2,800	1	C001	342-0011	埼玉県吉川市深井新田	1-1-1	111-1111-1111	
16	2017/09/0	P004	¥800	¥250	¥700		C002	08-0073	東京都港区三田	Bビル202	222-2222-2222	
17	2017/09/0	P009	¥2,000	¥650	¥1,800	1	C004	97-0011	東京都福生市福生	Dタワー404	444-4444-4444	
18	2017/09/0	P008	¥1,000	¥300	¥850		C001	342-0011	埼玉県吉川市深井新田	1-1-1	111-1111-1111	
19	2017/09/0	P001	¥1,500	¥500	¥1,200	1	C004	97-0011	東京都福生市福生	Dタワー404	444-4444-4444	
20	2017/09/0	P004	¥800	¥250	¥700	1	C005	239-0802	神奈川県横須賀市馬堀町	Eヒルズ550	555-5555-5555	
21	2017/09/0	P010	¥3,000	¥1,200	¥2,800		C002	08-0073	東京都港区三田	Bビル202	222-2222-2222	
22	2017/09/0	P001	¥1,500	¥500	¥1,200		C001	342-0011	埼玉県吉川市深井新田	1-1-1	111-1111-1111	
23	2017/09/0	P004	¥800	¥250	¥700		C001	342-0011	埼玉県吉川市深井新田	1-1-1	111-1111-1111	
24	2017/09/0	P005	¥2,500	¥900	¥2,300		C005	239-0802	神奈川県横須賀市馬堀町	Eヒルズ550	555-5555-5555	
25	2017/09/0	P008	¥1,000	¥300	¥850		C002	08-0073	東京都港区三田	Bビル202	222-2222-2222	
26	2017/09/0	P003	¥1,000	¥350	¥900		C002	08-0073	東京都港区三田	Bビル202	222-2222-2222	
27	2017/09/0	P003	¥1,000	¥350	¥900	1	C004	97-0011	東京都福生市福生	Dタワー404	444-4444-4444	
28	2017/09/0	P002	¥1,000	¥350	¥800		C001	342-0011	埼玉県吉川市深井新田	1-1-1	111-1111-1111	
29	2017/09/0	P002	¥1,000	¥350	¥800	1	C003	270-1454	千葉県柏市柳戸	33-3	333-3333-3333	
30	2017/09/1	P010	¥3,000	¥1,200	¥2,800	1	C004	97-0011	東京都福生市福生	Dタワー404	444-4444-4444	
31	2017/09/1	P009	¥2,000	¥650	¥1,800	1	C004	97-0011	東京都福生市福生	Dタワー404	444-4444-4444	

レコード: 1 / 300 フィルターなし 検索

「商品ID」フィールドと「顧客ID」フィールドさえあれば、このテーブルには「商品マスター」テーブルと「顧客マスター」テーブルに存在する情報は不要になります。必要な際に、「商品ID」フィールドと「顧客ID」フィールドをたどって、「商品マスター」テーブルと「顧客マスター」テーブルの情報を参照すればよいからです。

それでは、「初期テーブル」をデザインビューで開いて、不要な「定価」「原価」「郵便番号」「住所1」「住所2」「電話番号」フィールドを削除しましょう。

図54のように右クリックから「行の削除」を利用して削除してもよいですし、左端をクリックして行全体を選択してから Delete キーで削除しても構いません。リボンの「行の削除」からも削除できます。

図54 不要なフィールドの削除

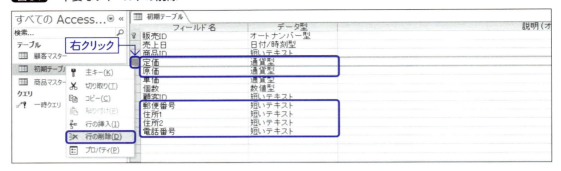

不要なフィールドを削除したら、「初期テーブル」というテーブル名を変更しましょう。マスターテーブルには「○○マスター」という名称を付けのが一般的ですが、トランザクションテーブルには「○○トランザクション」とはあまり付けないので、ここでは「販売データ」というテーブル名にしておきましょう。

テーブルが開いていると名前の変更ができないので、閉じてからナビゲーションウィンドウで、右クリックして「名前の変更」を行います（図55）。

図55 テーブル名の変更

これで、トランザクションテーブル「販売データ」が完成しました（図56）。

4-3 テーブル分割～効率的な運用へ

図56 「販売データ」テーブル

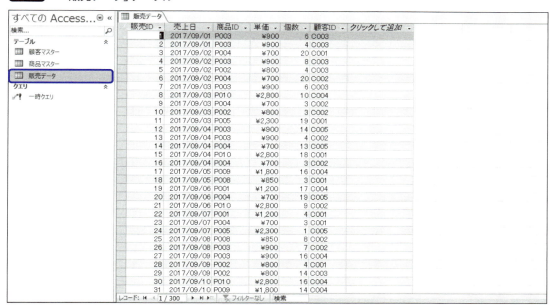

また、「一時クエリ」はもう必要ないので、右クリックから削除しましょう（**図57**）。これで、重複フィールドが混在していた「初期テーブル」を3つに分割することができました。

図57 「一時クエリ」を削除

CHAPTER 4　リレーションシップ　複数テーブルでの運用

4-3-4　リレーションを張る

　ここまでで、トランザクションテーブルを1つと、マスターテーブルを2つ作成しました。この時点では、各テーブルにリレーションを張るための準備をしただけで、リレーションシップはまだ設定されていません。次に、3つのテーブルにリレーションシップを設定しましょう。
　「データベースツール」タブの「リレーションシップ」をクリックします（図58）。

図58　「リレーションシップ」をクリック

　図59の「リレーションシップ」という画面になり、3つのテーブルが表示されています（テーブルが表示されていない場合はリボンの「テーブルの表示」から追加できます）。
　ここで、「商品マスター」テーブルの主キーである「商品ID」を、「販売データ」テーブルの外部キーである「商品ID」に重なるようにドラッグします。

図59　「商品ID」をドラッグ

4-3 テーブル分割〜効率的な運用へ

すると、「リレーションシップ」というウィンドウが表示されます。「作成」をクリックして、「商品マスター」の「商品ID」と、「販売データ」の「商品ID」にリレーションシップを作成します（図60）。

図60 「リレーションシップ」のウィンドウ

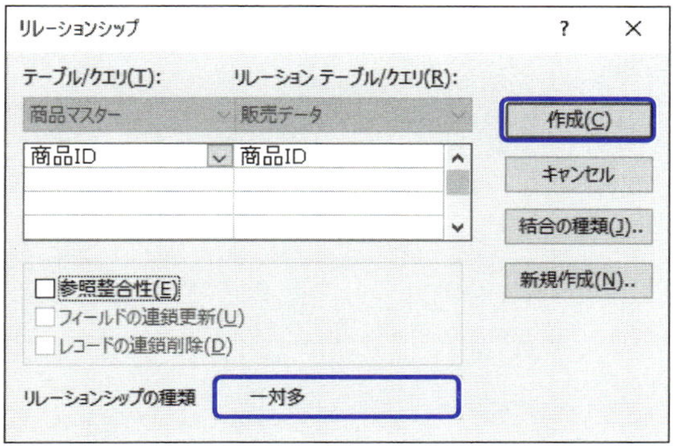

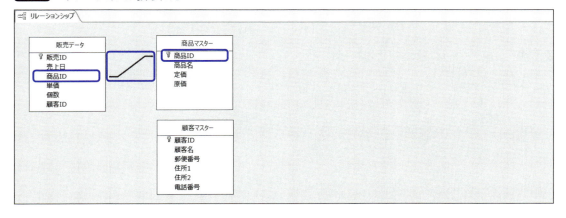

すると、画面上の「商品ID」どうしが線でつながれました。これが、リレーションが張られている状態です（図61）。

図61 リレーションが張られた

同じように、「顧客マスター」の「顧客ID」を「販売データ」の「顧客ID」に重なるようにドラッグし、ここへもリレーションを張ります。これで「商品ID」と「顧客ID」でリレーションシップが作成され、図62のようになりました。

図62　3つのテーブルのリレーションシップ

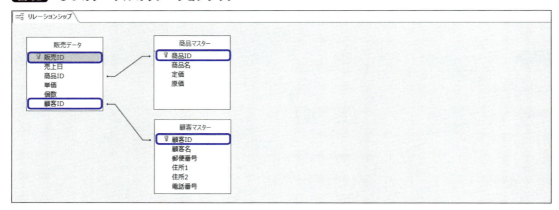

図60の「リレーションシップ」というウィンドウをよく見ると、「リレーションシップの種類」が「一対多」と書いてあります。これは文字のとおり、左テーブルの対象が1つに対して、右テーブルの対象は多数存在する、という意味です。基本的には、一側がマスターテーブル、多側がトランザクションテーブルとなります。

ここで、リレーションシップを作成した一側のテーブル（「商品マスター」、「顧客マスター」）をデータシートビューで開いてみると、レコードの左端に ⊞ が現れます。展開すると、そのレコードに対して関連付けられた多側テーブルの情報が表示されます。これを**サブデータシート**と呼びます（図63）。

図63　一側テーブルに現れる「サブデータシート」

顧客マスター

	顧客ID	顧客名	郵便番号	住所1	住所2	電話番号	クリックして追加
⊞	C001	A社	342-0011	埼玉県吉川市深井新田	1-1-1	111-1111-1111	
⊞	C002	B社	108-0073	東京都港区三田	Bビル202	222-2222-2222	
⊞	C003	C社	270-1454	千葉県柏市柳戸	33-3	333-3333-3333	
⊞	C004	D社	197-0011	東京都福生市福生	Dタワー404	444-4444-4444	
⊟	C005	E社	239-0802	神奈川県横須賀市馬堀町	Eヒルズ550	555-5555-5555	

販売ID	売上日	商品ID	単価	個数	クリックして.
12	2017/09/04	P003	¥900	14	
14	2017/09/04	P004	¥700	13	
20	2017/09/06	P004	¥700	19	
24	2017/09/07	P005	¥2,300	1	
32	2017/09/10	P006	¥1,800	19	
33	2017/09/10	P010	¥2,800	20	
38	2017/09/11	P010	¥2,800	2	
39	2017/09/11	P001	¥1,200	20	
44	2017/09/14	P006	¥1,800	20	
53	2017/09/17	P007	¥1,300	2	
56	2017/09/17	P004	¥700	2	
57	2017/09/17	P009	¥1,800	1	
63	2017/09/18	P002	¥800	2	
64	2017/09/19	P008	¥850	19	
76	2017/09/24	P010	¥2,800	20	
78	2017/09/24	P005	¥2,300	19	
79	2017/09/24	P006	¥1,800	19	
81	2017/09/25	P004	¥700	3	
83	2017/09/25	P009	¥1,800	4	
84	2017/09/25	P010	¥2,800	5	
86	2017/09/26	P009	¥1,800	5	
109	2017/10/03	P009	¥1,800	4	
116	2017/10/06	P003	¥900	6	
119	2017/10/07	P008	¥850	3	
126	2017/10/09	P001	¥1,200	3	

レコード: 5 / 5　フィルターなし　検索

CHAPTER 4

4-4 複数テーブルを利用した クエリ〜テーブルをまたいで抽出

リレーションシップが作成されていれば、複数のテーブルからでもクエリを使ってかんたんにデータを取り出すことができます。CHAPTER 3で学んだ条件付きの選択クエリを、複数のテーブルを使って作成してみましょう。

4-4-1 クエリを使えば複数テーブルから見やすいデータを作成できる

　テーブルを3つに分割したことで重複データが削除され、データベースとしての効率はとてもよくなりました。

　選択クエリを使って、リレーションの張られた複数テーブルから好きなフィールドだけを取り出してみましょう。

　リボンの「作成」タブから「クエリデザイン」をクリックすると、「テーブルの表示」のウィンドウに3つのテーブルが表示されます。Ctrlキーを押しながらすべてのテーブルを選択し、「追加」をクリックしてからウィンドウを閉じます（図64）。

図64 すべてのテーブルを選択

すると、3つのテーブルが線でつながれて表示されました。さきほど作成したリレーションシップが、ここにも適用されています。このクエリを「データ閲覧」という名前で保存して、例として「販売データ」テーブルから「売上日」を、「商品マスター」テーブルから「商品名」を、「販売データ」テーブルから「個数」を、「顧客マスター」テーブルから「顧客名」を、それぞれダブルクリックまたはドラッグで、デザイングリッドに追加してみましょう（図65）。

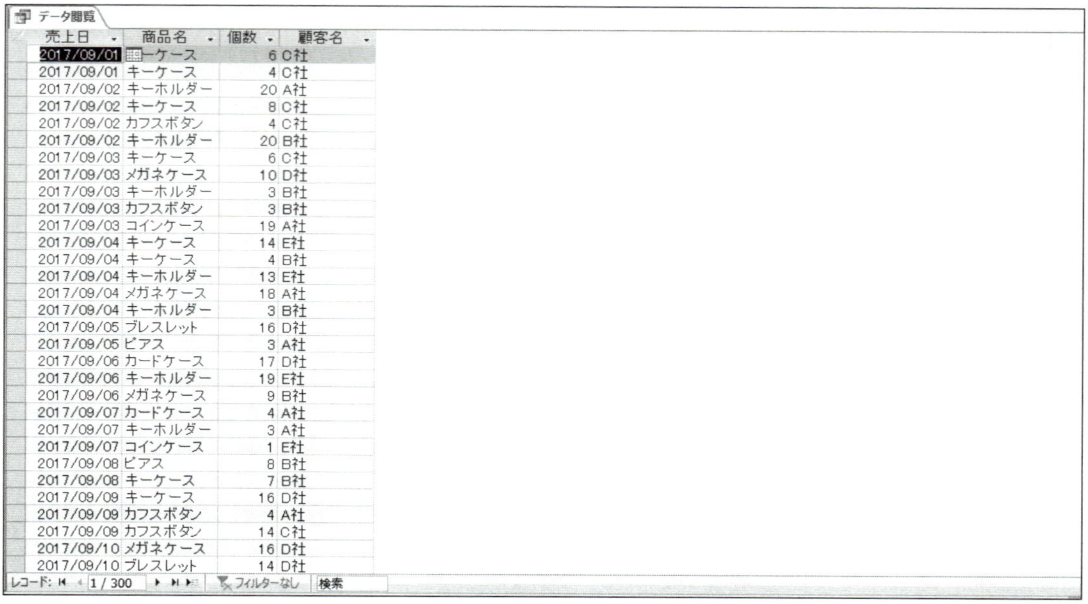

図65　フィールドを追加

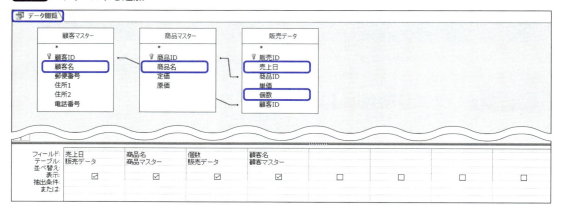

「実行」またはデータシートビューで開くと、図66のように複数テーブルから取り出されたフィールドで構成されたクエリが作成できました。クエリで指定しなければ並び順は任意となります。

図66　複数テーブルから取り出されたフィールドで構成

売上日	商品名	個数	顧客名
2017/09/01	ーケース	6	C社
2017/09/01	キーケース	4	C社
2017/09/02	キーホルダー	20	A社
2017/09/02	キーケース	8	C社
2017/09/02	カフスボタン	4	C社
2017/09/02	キーホルダー	20	B社
2017/09/03	キーケース	6	C社
2017/09/03	メガネケース	10	D社
2017/09/03	キーホルダー	3	B社
2017/09/03	カフスボタン	3	B社
2017/09/03	コインケース	19	A社
2017/09/04	キーケース	14	E社
2017/09/04	キーケース	4	B社
2017/09/04	キーホルダー	13	E社
2017/09/04	メガネケース	18	A社
2017/09/04	キーホルダー	3	B社
2017/09/05	ブレスレット	16	D社
2017/09/05	ピアス	3	A社
2017/09/06	カードケース	17	D社
2017/09/06	キーホルダー	19	E社
2017/09/06	メガネケース	9	B社
2017/09/07	カードケース	4	A社
2017/09/07	キーホルダー	3	A社
2017/09/07	コインケース	1	E社
2017/09/08	ピアス	8	B社
2017/09/08	キーケース	7	B社
2017/09/09	キーケース	16	D社
2017/09/09	カフスボタン	4	A社
2017/09/09	カフスボタン	14	C社
2017/09/10	メガネケース	16	D社
2017/09/10	ブレスレット	14	D社

テーブルが複数になっても、**CHAPTER 3**で行ったように「抽出条件」欄に条件を書けば（図67）、その条件に合うものだけ抽出してくれます（図68）。

図67 「抽出条件」欄に記入

図68 条件に合うものだけ抽出

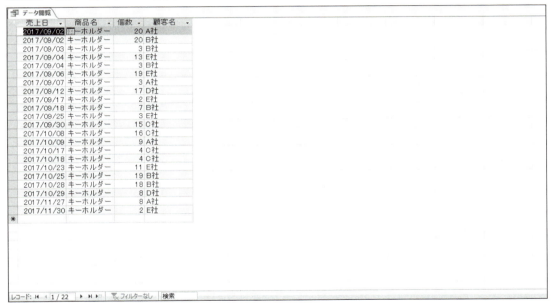

3-3-1（P.82）で解説した演算フィールドも作ってみましょう。デザインビューへ戻って、右端の空いているフィールドを選択してからリボンの「デザイン」タブの「ビルダー」をクリックし（図69）、式ビルダーを起動します。

CHAPTER 4 リレーションシップ 複数テーブルでの運用

図69 「ビルダー」をクリック

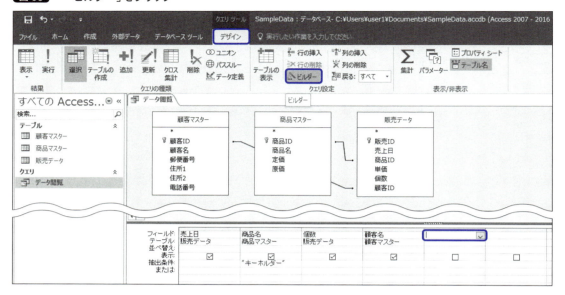

図70のように、式ビルダーで式を作成します。「式の要素」内の「テーブル」から「販売データ」を選択すると、「式のカテゴリ」に選択したテーブルのフィールドが表示されます。

「式のカテゴリ」から「単価」と「個数」をダブルクリックして挿入しましょう。「*」という演算子はキーボードで入力したほうがかんたんです。

なお、テーブルやクエリが複数ある場合は「[テーブル（クエリ）名]![フィールド名]」という表記となります。

図70 「式ビルダー」ウィンドウ

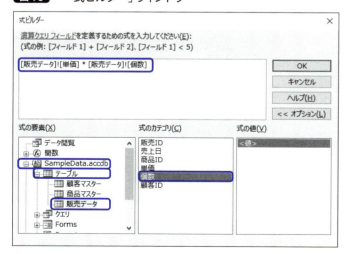

「式の要素」の「データ閲覧」を選択しても「式のカテゴリ」になにも出てこない場合、クエリの保存が反映されていないことがあるので、いったんAccessを終了してから再度開いてみてください。

「式1」となっているフィールド名を「売上」に直しておきましょう（**図71**）。

図71　式名を修正する

フィールド:	売上日	商品名	個数	顧客名	売上: [販売データ]![単価]*[販売データ]![個数]		
テーブル:	販売データ	商品マスター	販売データ	顧客マスター			
並べ替え:							
表示:	☑	☑	☑	☑	☑	☐	☐
抽出条件:		"キーホルダー"					
または:							

データシートビューで見てみると、**図72**のように演算フィールドも追加されました。

図72　「売上」フィールドが追加された

データ閲覧

売上日	商品名	個数	顧客名	売上
2017/09/02	ーホルダー	20	A社	¥14,000
2017/09/02	キーホルダー	20	B社	¥14,000
2017/09/03	キーホルダー	3	B社	¥2,100
2017/09/04	キーホルダー	13	E社	¥9,100
2017/09/04	キーホルダー	3	B社	¥2,100
2017/09/06	キーホルダー	19	E社	¥13,300
2017/09/07	キーホルダー	3	A社	¥2,100
2017/09/12	キーホルダー	17	D社	¥11,900
2017/09/17	キーホルダー	2	E社	¥1,400
2017/09/18	キーホルダー	7	B社	¥4,900
2017/09/25	キーホルダー	3	E社	¥2,100
2017/09/30	キーホルダー	15	C社	¥10,500
2017/10/08	キーホルダー	16	C社	¥11,200
2017/10/09	キーホルダー	9	A社	¥6,300
2017/10/17	キーホルダー	4	C社	¥2,800
2017/10/18	キーホルダー	4	C社	¥2,800
2017/10/23	キーホルダー	11	E社	¥7,700
2017/10/25	キーホルダー	19	B社	¥13,300
2017/10/28	キーホルダー	18	B社	¥12,600
2017/10/29	キーホルダー	8	D社	¥5,600
2017/11/27	キーホルダー	8	A社	¥5,600
2017/11/30	キーホルダー	2	E社	¥1,400
*				

4-4-2 テーブルをまたいで計算・抽出する

「商品マスター」テーブルに「原価」フィールドがあるので、これを使って粗利率を算出してみましょう。

計算式は「粗利率＝(売上高-売上原価)／売上高」なので、これをフィールド名で置き換えます。すでに「単価」×「個数」で「売上」という演算フィールドを作ってあるので、「売上高」にはこの「売上」フィールドが使えます。「売上原価」は「原価」×「個数」とします。

空フィールドを選択して式ビルダーを起動し、**図73**のように式を設定し、フィールド名は「粗利率」にします。

CHAPTER 4 リレーションシップ 複数テーブルでの運用

　ここでは、直接入力で「粗利率：」とフィールド名を入力してしまいましょう。かっこや＊、－などの演算子はキーボードで入力しながら、「売上」と「個数」は「データ閲覧」から、「原価」は「商品マスター」から、ダブルクリックで挿入し、式を完成させます。

図73　「粗利率」の計算式

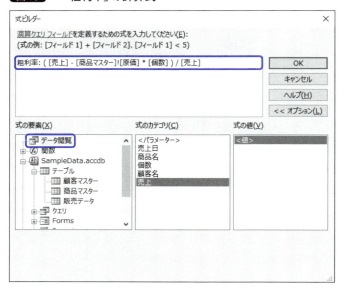

　図74のように抽出条件を「A社」にします。

図74　「抽出条件」を変更

　このまま実行すると、図75のように結果が小数点以下の数値を含んで長くなってしまいます。

4-4 複数テーブルを利用したクエリ～テーブルをまたいで抽出

図75 「粗利率」が小数点で表示される

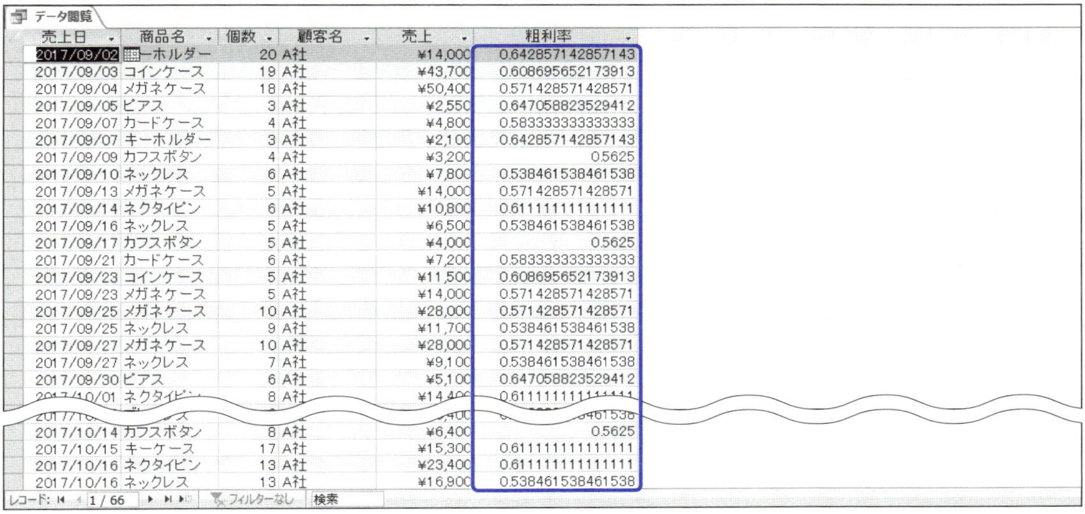

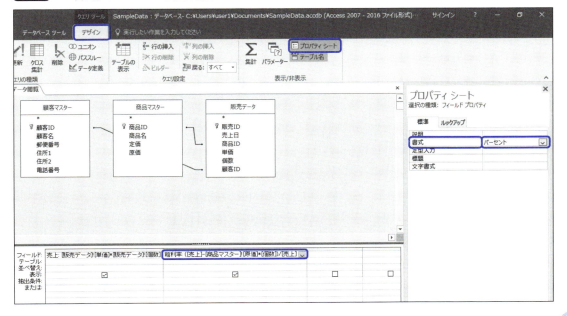

　読みやすくするため、パーセント表示にしてみましょう。通常のフィールドならばテーブルのデザインビューで書式を設定できるのですが、この「粗利率」は演算フィールドなのでテーブルには含まれません。この場合、「粗利率」が選択された状態で、リボンの「デザイン」タブの「プロパティシート」をクリックし、右側に現れた「プロパティシート」の「書式」を「パーセント」にします（**図76**）。

図76 「書式」で「パーセント」を選択

175

CHAPTER 4　リレーションシップ　複数テーブルでの運用

　書式を設定してからクエリを実行すると、「粗利率」フィールドがパーセント表示になりました（図77）。

図77　パーセント表示になった

売上日	商品名	個数	顧客名	売上	粗利率
2017/09/02	キーホルダー	20	A社	¥14,000	64.29%
2017/09/03	コインケース	19	A社	¥43,700	60.87%
2017/09/04	メガネケース	18	A社	¥50,400	57.14%
2017/09/05	ピアス	3	A社	¥2,550	64.71%
2017/09/07	カードケース	4	A社	¥4,800	58.33%
2017/09/07	キーホルダー	3	A社	¥2,100	64.29%
2017/09/09	カフスボタン	4	A社	¥3,200	56.25%
2017/09/10	ネックレス	6	A社	¥7,800	53.85%
2017/09/13	メガネケース	5	A社	¥14,000	57.14%
2017/09/14	ネクタイピン	6	A社	¥10,800	61.11%
2017/09/16	ネックレス	5	A社	¥6,500	53.85%
2017/09/17	カフスボタン	5	A社	¥4,000	56.25%
2017/09/21	カードケース	6	A社	¥7,200	58.33%
2017/09/23	コインケース	5	A社	¥11,500	60.87%
2017/09/23	メガネケース	5	A社	¥14,000	57.14%
2017/09/25	メガネケース	10	A社	¥28,000	57.14%
2017/09/25	ネックレス	9	A社	¥11,700	53.85%
2017/09/27	メガネケース	10	A社	¥28,000	57.14%
2017/09/27	ネックレス	7	A社	¥9,100	53.85%
2017/09/30	ピアス	6	A社	¥5,100	64.71%
2017/10/01	ネクタイピン	8	A社	¥14,400	61.11%
2017/10/02	ブレスレット	6	A社	¥10,800	63.89%
2017/10/07	キーケース	8	A社	¥7,200	61.11%
2017/10/08	メガネケース	8	A社	¥22,400	57.14%
2017/10/08	カフスボタン	8	A社	¥6,400	56.25%
2017/10/09	キーホルダー	9	A社	¥6,300	64.29%
2017/10/14	ネックレス	8	A社	¥10,400	53.85%
2017/10/14	カフスボタン	8	A社	¥6,400	56.25%
2017/10/15	キーケース	17	A社	¥15,300	61.11%
2017/10/16	ネクタイピン	13	A社	¥23,400	61.11%
2017/10/16	ネックレス	13	A社	¥16,900	53.85%

CHAPTER 4

4-5 結合の種類と参照整合性
～リレーションシップの最難関ポイント

リレーションシップはテーブルどうしを結合させるといういい方もするのですが、その結合にはいくつか種類があります。種類によってデータの取り出し方が違うので、それぞれ確認してみましょう。

4-5-1 結合の種類で抽出されるデータが変わる

リボンの「データベースツール」タブの「リレーションシップ」をクリックし、さきほど作成したテーブルのリレーションシップを表示します。次に、「商品マスター」と「販売データ」テーブル間のリレーションの「線」を右クリックし、「リレーションシップの編集」を選択します（**図78**）。

図78 「リレーションシップの編集」を選択

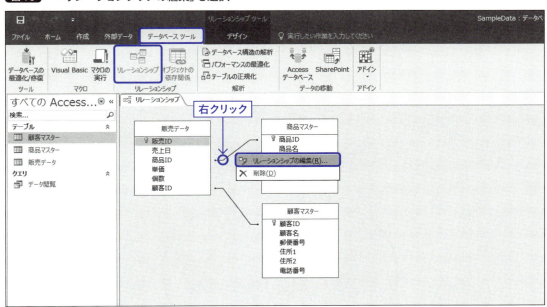

最初にリレーションシップを設定したときのウィンドウが表示されます。ここで、「結合の種類」をクリックしてみましょう（**図79**）。

CHAPTER 4　リレーションシップ　複数テーブルでの運用

図79　「リレーションシップ」のウィンドウ

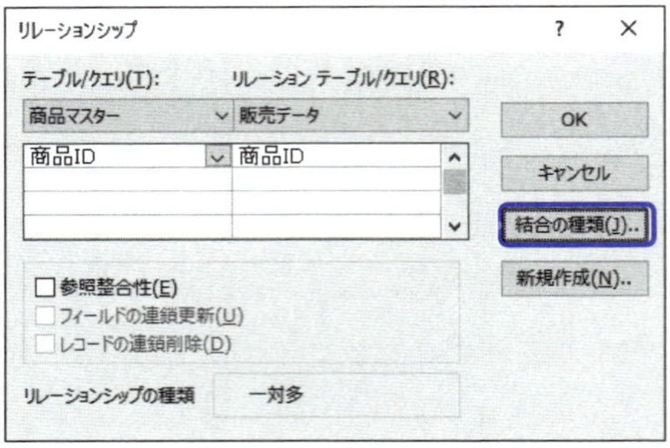

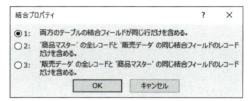

　すると、「結合プロパティ」というウィンドウが開き、ここで結合の種類を3つの中から選ぶことができます（図80）。この種類によって、図81のように取り出すレコードに違いが出るのです。「結合フィールド」というのは、2つのテーブルが結び付くために線でつながれているフィールドのことなので、この例だと「商品ID」が結合フィールドです。

図80　「結合プロパティ」の設定

図81　3つの結合の種類

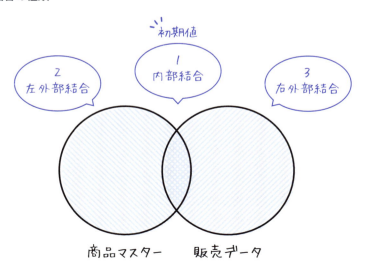

4-5 結合の種類と参照整合性～リレーションシップの最難関ポイント

「結合の種類」で抽出されるデータが変わるということを体験してみましょう。それでは、実際に「商品マスター」と「販売データ」のテーブルを使って、結合の違いを解説します。まずはお互いのテーブルに、「商品ID」が一致しないレコードを作成します（図82）。「商品マスター」テーブルには「販売データ」テーブルに存在しない「商品ID」が「P011」の商品を、「販売データ」テーブルには「商品マスター」テーブルに存在しない「商品ID」が「P012」の販売レコードを追加しておきます（図83）。

図82 「商品マスター」テーブルに不一致レコードを作成

商品ID	商品名	定価	原価	クリックして追加
P001	カードケース	¥1,500	¥500	
P002	カフスボタン	¥1,000	¥350	
P003	キーケース	¥1,000	¥350	
P004	キーホルダー	¥800	¥250	
P005	コインケース	¥2,500	¥900	
P006	ネクタイピン	¥2,000	¥700	
P007	ネックレス	¥1,500	¥600	
P008	ピアス	¥1,000	¥300	
P009	ブレスレット	¥2,000	¥650	
P010	メガネケース	¥3,000	¥1,200	
P011	**イヤリング**	**¥1,000**	**¥400**	

図83 「販売データ」テーブルに不一致レコードを作成

販売ID	売上日	商品ID	単価	個数	顧客ID	クリックして追加
286	2017/11/26	P007	¥1,300	18	C004	
287	2017/11/27	P002	¥800	17	C003	
288	2017/11/27	P003	¥900	1	C004	
289	2017/11/27	P007	¥1,300	3	C005	
290	2017/11/27	P004	¥700	8	C001	
291	2017/11/27	P009	¥1,800	17	C003	
292	2017/11/27	P003	¥900	17	C003	
293	2017/11/27	P008	¥850	1	C004	
294	2017/11/28	P007	¥1,300	5	C005	
295	2017/11/28	P008	¥850	3	C005	
296	2017/11/29	P010	¥2,800	14	C002	
297	2017/11/29	P005	¥2,300	20	C004	
298	2017/11/30	P009	¥1,800	7	C001	
299	2017/11/30	P009	¥1,800	15	C003	
300	2017/11/30	P004	¥700	2	C005	
301	**2017/11/30**	**P012**	**¥500**	**3**	**C001**	

次に新規選択クエリを作成します。「作成」タブから「クエリデザイン」をクリックし、「商品マスター」と「販売データ」テーブルを表示します。図84のようにお互いのテーブルからフィールドを追加し、「結合テスト」という名前で保存します。

なお、その時点で設定されている結合が、作成するクエリの初期値となりますが、作成するクエリごとに結合の種類を変更することも問題なくできます。

CHAPTER 4 リレーションシップ　複数テーブルでの運用

図84　「結合テスト」クエリを作成

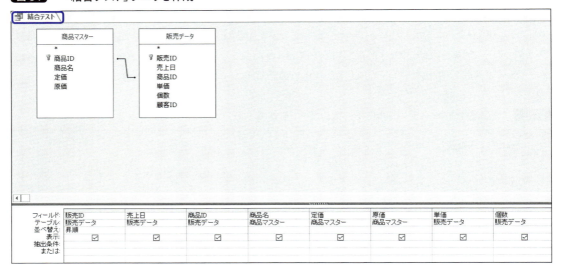

テーブルどうしがつながれている「線」を右クリックして「結合プロパティ」を選択します（図85）。すると、「結合プロパティ」のウィンドウが表示され、初期値のままなので、結合の種類に1番が選択されていることがわかります（図86）。これは「内部結合」とも呼び、この例では、両方のテーブルに同じ「商品ID」があるレコードのみを取り出すという意味になります（図87）。

図85　「結合プロパティ」を選択

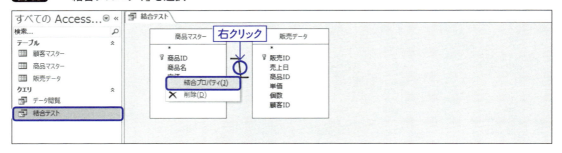

図86　内部結合の設定

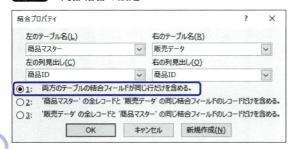

図87 内部結合のイメージ

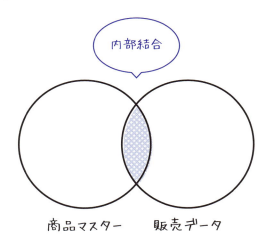

この状態で選択クエリを実行してみましょう。図88のように、さきほどお互いのテーブルに追加したレコード(「商品ID」が「P011」と「P012」)は、両方のテーブルに同じ「商品ID」を持たないので、どちらも抽出されません。

図88 内部結合の抽出結果

販売ID	売上日	商品ID	商品名	定価	原価	単価	個数
286	2017/11/26	P007	ネックレス	¥1,500	¥600	¥1,300	18
287	2017/11/27	P002	カフスボタン	¥1,000	¥350	¥800	17
288	2017/11/27	P003	キーケース	¥1,000	¥350	¥900	1
289	2017/11/27	P007	ネックレス	¥1,500	¥600	¥1,300	3
290	2017/11/27	P004	キーホルダー	¥800	¥250	¥700	8
291	2017/11/27	P009	ブレスレット	¥2,000	¥650	¥1,800	17
292	2017/11/27	P003	キーケース	¥1,000	¥350	¥900	17
293	2017/11/27	P008	ピアス	¥1,000	¥300	¥850	1
294	2017/11/28	P007	ネックレス	¥1,500	¥600	¥1,300	5
295	2017/11/28	P008	ピアス	¥1,000	¥300	¥850	3
296	2017/11/29	P010	メガネケース	¥3,000	¥1,200	¥2,800	14
297	2017/11/29	P005	コインケース	¥2,500	¥900	¥2,300	20
298	2017/11/30	P009	ブレスレット	¥2,000	¥650	¥1,800	7
299	2017/11/30	P009	ブレスレット	¥2,000	¥650	¥1,800	15
300	2017/11/30	P004	キーホルダー	¥800	¥250	¥700	2
(新規)							

デザインビューへ戻って、P.180の手順で「結合プロパティ」のウィンドウを表示させ、今度は2番を選択してみましょう(図89)。これは「左外部結合」とも呼ばれ、この例では、両方のテーブルに同じ「商品ID」があるレコードに加えて、左側(商品マスター)テーブルにしか存在しないレコードも取り出すという意味になります(図90)。

CHAPTER 4 リレーションシップ 複数テーブルでの運用

図89 左外部結合の設定

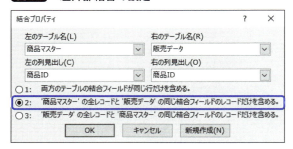

図90 左外部結合のイメージ

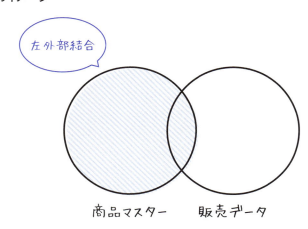

この状態で選択クエリを実行してみると、図91のように「商品マスター」テーブルにしか存在しない「イヤリング」のレコードも一緒に抽出されました。

図91 左外部結合の抽出結果

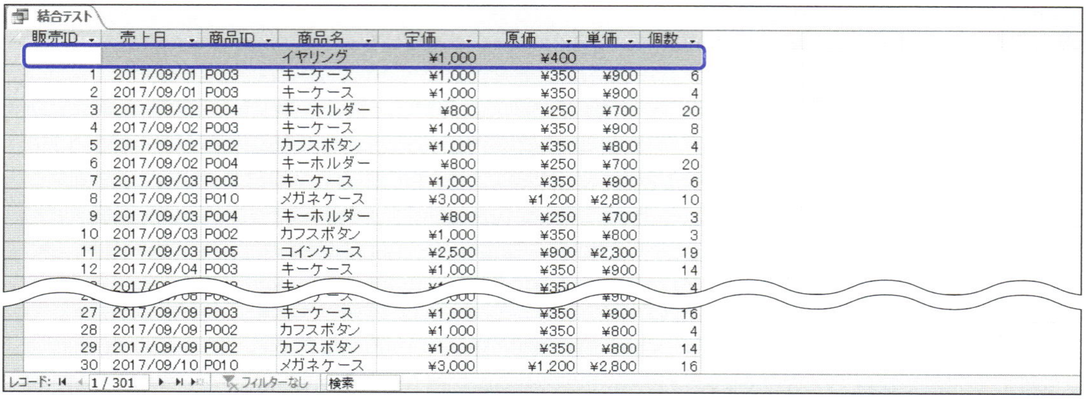

4-5 結合の種類と参照整合性〜リレーションシップの最難関ポイント

ところで、イヤリングは「商品ID」が「P011」のはずなのに、どうして空欄になっているのでしょうか？　これは、クエリのデザインビューのデザイングリッドで「商品ID」が「販売データ」から抽出する設定になっているからです（図92）。

図92　「商品ID」の参照テーブル

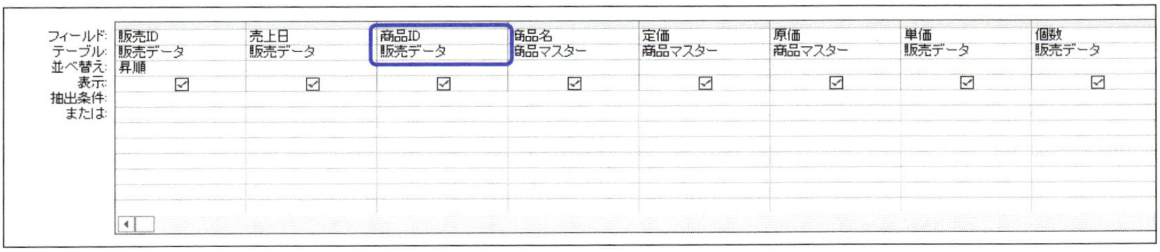

この部分を「商品マスター」テーブルへ変更すれば（図93）、実行結果の「商品ID」の参照テーブルが「商品マスター」となり、「P011」が表示されます（図94）。

図93　参照テーブルを変更

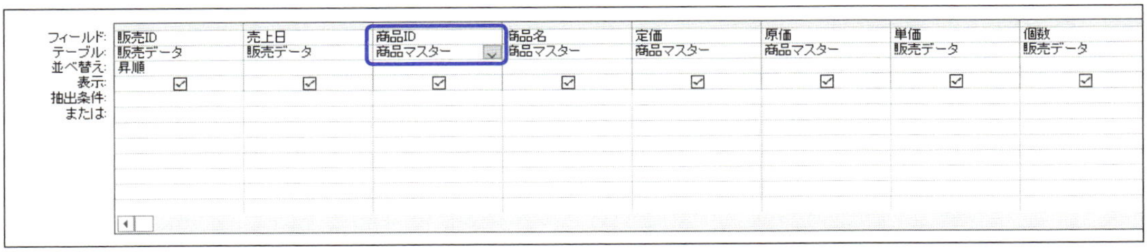

図94　実行結果

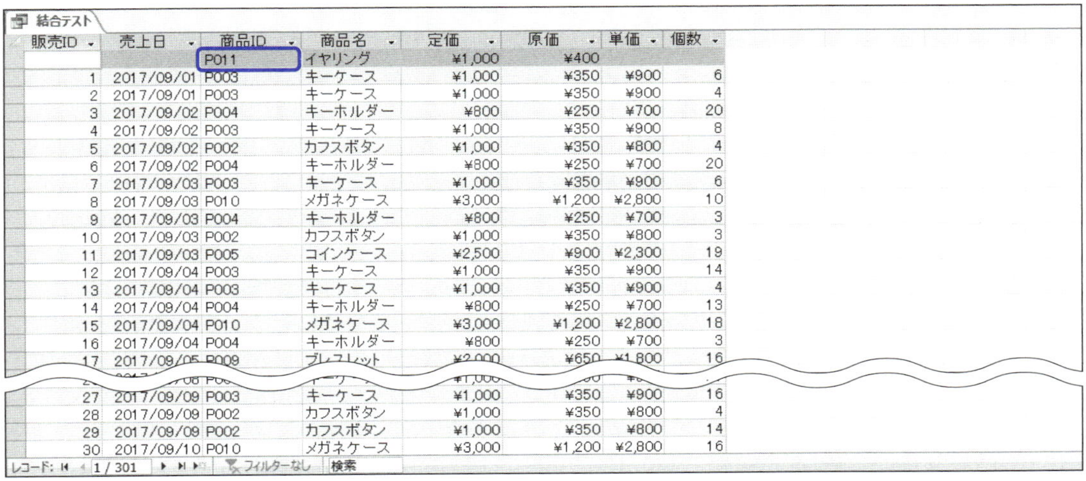

CHAPTER 4 リレーションシップ 複数テーブルでの運用

　続いて、デザインビューへ戻って、P.180の手順で「結合プロパティ」のウィンドウを表示させ、結合の種類を3番にしてみましょう（図95）。これは「右外部結合」とも呼ばれ、この例では、両方のテーブルに同じ「商品ID」があるレコードに加えて、右側テーブルにしか存在しないレコードも取り出すという意味になります（図96）。

図95 右外部結合の設定

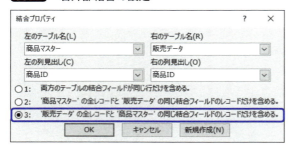

図96 右外部結合のイメージ

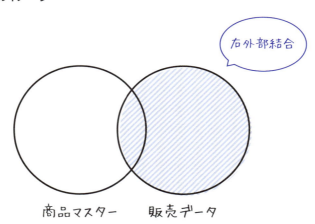

　この状態で選択クエリを実行してみると、図97のように「販売データ」テーブルにしか存在しない、「販売ID」が「301」のレコードも一緒に抽出されました。

図97　右外部結合の抽出結果

販売ID	売上日	商品ID	商品名	定価	原価	単価	個数
286	2017/11/26	P007	ネックレス	¥1,500	¥600	¥1,300	18
287	2017/11/27	P002	カフスボタン	¥1,000	¥350	¥800	17
288	2017/11/27	P003	キーケース	¥1,000	¥350	¥900	1
289	2017/11/27	P007	ネックレス	¥1,500	¥600	¥1,300	3
290	2017/11/27	P004	キーホルダー	¥800	¥250	¥700	8
291	2017/11/27	P009	ブレスレット	¥2,000	¥650	¥1,800	17
292	2017/11/27	P003	キーケース	¥1,000	¥350	¥900	17
293	2017/11/27	P008	ピアス	¥1,000	¥300	¥850	1
294	2017/11/28	P007	ネックレス	¥1,500	¥600	¥1,300	5
295	2017/11/28	P008	ピアス	¥1,000	¥300	¥850	3
296	2017/11/29	P010	メガネケース	¥3,000	¥1,200	¥2,800	14
297	2017/11/29	P005	コインケース	¥2,500	¥900	¥2,300	20
298	2017/11/30	P009	ブレスレット	¥2,000	¥650	¥1,800	7
299	2017/11/30	P009	ブレスレット	¥2,000	¥650	¥1,800	15
300	2017/11/30	P004	キーホルダー	¥800	¥250	¥700	2
301	2017/11/30	P012				¥500	3
（新規）							

このように、リレーションシップの結合の種類でクエリの結果が異なるので、希望に合った結合方法を選びましょう。「結合テスト」クエリは、検証が終わったら削除して構いません。

4-5-2　テーブル間の矛盾を防ぐ参照整合性

リレーションシップを設定したテーブルを運用する場合、お互いのテーブルを結び付けるフィールドの内容が、確実に同じでなければなりません（図98）。しかし、人間が入力する限り、決して間違いが起こらないとは断言できませんよね。

そんな入力間違いを確実に防ぐために、**参照整合性**という仕組みがあります。参照整合性を設定すると、マスターテーブルに存在しない結合フィールドは、トランザクションテーブルに収めることができなくなります。

図98　参照整合性のイメージ

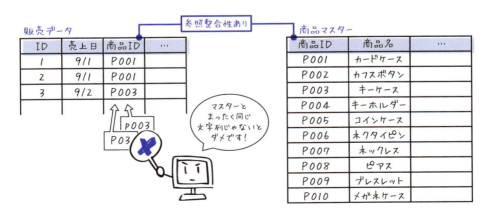

CHAPTER 4 リレーションシップ 複数テーブルでの運用

それでは実際に参照整合性を設定して、動作を確認してみましょう。4-5-1から続けてこの操作を行う場合は、検証のために追加した「P011」「P012」のレコードは削除してください。テーブル内のデータの整合性がとれていない状態では、参照整合性が設定できないためです。

準備ができたらテーブルをすべて閉じ、「データベースツール」タブの「リレーションシップ」からテーブルのリレーションシップを表示し、「商品マスター」テーブルと「販売データ」テーブル間のリレーションの「線」を右クリックで「リレーションシップの編集」を選択します（図99）。

図99 「リレーションシップの編集」を選択

開いた「リレーションシップ」のウィンドウで「参照整合性」にチェックを入れ（図100）、「OK」をクリックしてウィンドウを閉じます。

図100 「参照整合性」にチェック

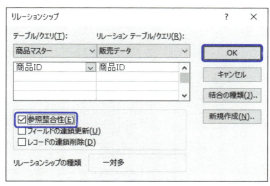

参照整合性が設定されると、リレーションの線上にリレーションシップの種類である、「一対多」の記号が表示されます（図101）。

4-5 結合の種類と参照整合性～リレーションシップの最難関ポイント

図101 参照整合性が設定された

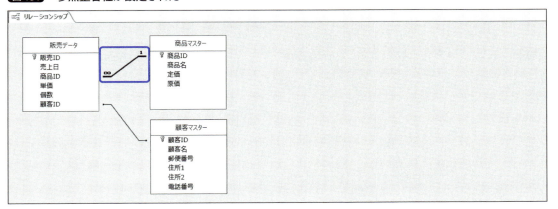

それでは検証してみましょう。「販売データ」テーブルに「商品マスター」には存在しない、「P011」という「商品ID」のレコードを作成してみます（**図102**）。一見普通に入力できているようですが、レコードの左端に鉛筆マークが表示されている間は、このレコードはまだ「編集中」の状態です。

なお、以前のクエリの実行などによって、結果画面がご自身の環境と異なることがあります。

図102 「商品マスター」に存在しないIDのレコード

販売ID	売上日	商品ID	単価	個数	顧客ID	クリックして追加
286	2017/11/26	P007	¥1,300	18	C004	
287	2017/11/27	P002	¥800	17	C003	
288	2017/11/27	P003	¥900	1	C004	
289	2017/11/27	P007	¥1,300	3	C005	
290	2017/11/27	P004	¥700	8	C001	
291	2017/11/27	P009	¥1,800	17	C003	
292	2017/11/27	P003	¥900	17	C003	
293	2017/11/27	P008	¥850	1	C004	
294	2017/11/28	P007	¥1,300	5	C005	
295	2017/11/28	P008	¥850	3	C005	
296	2017/11/29	P010	¥2,800	14	C002	
297	2017/11/29	P005	¥2,300	20	C004	
298	2017/11/30	P009	¥1,800	7	C001	
299	2017/11/30	P009	¥1,800	15	C003	
300	2017/11/30	P004	¥700	2	C005	
301	2017/11/30	P011	¥500	3	C001	
(新規)						

ほかのレコードに移動すると、入力したレコードが確定されるのですが、参照整合性が設定されているため、**図103**のようなメッセージが表示され、正しいIDが入力されるか、Esc キーを押して編集をキャンセルするまで、レコードを確定することができません。

図103 エラーが発生した

なお、先に「商品マスター」テーブルに「商品ID」が「P011」のレコードを登録しておけば（図104）、その後「販売データ」テーブルに「P011」のレコードを登録することができます（図105）。

図104 先にマスターテーブルに登録しておくと

商品ID	商品名	定価	原価
P001	カードケース	¥1,500	¥500
P002	カフスボタン	¥1,000	¥350
P003	キーケース	¥1,000	¥350
P004	キーホルダー	¥800	¥250
P005	コインケース	¥2,500	¥900
P006	ネクタイピン	¥2,000	¥700
P007	ネックレス	¥1,500	¥600
P008	ピアス	¥1,000	¥300
P009	ブレスレット	¥2,000	¥650
P010	メガネケース	¥3,000	¥1,200
P011	イヤリング	¥1,000	¥400

図105 問題なくレコードを登録できる

販売ID	売上日	商品ID	単価	個数	顧客ID
286	2017/11/26	P007	¥1,300	18	C004
287	2017/11/27	P002	¥800	17	C003
288	2017/11/27	P003	¥900	1	C004
289	2017/11/27	P007	¥1,300	3	C005
290	2017/11/27	P004	¥700	8	C001
291	2017/11/27	P009	¥1,800	17	C003
292	2017/11/27	P003	¥900	17	C003
293	2017/11/27	P008	¥850	1	C004
294	2017/11/28	P007	¥1,300	5	C005
295	2017/11/28	P008	¥850	3	C005
296	2017/11/29	P010	¥2,800	14	C002
297	2017/11/29	P005	¥2,300	20	C004
298	2017/11/30	P009	¥1,800	7	C001
299	2017/11/30	P009	¥1,800	15	C003
300	2017/11/30	P004	¥700	2	C005
301	2017/11/30	P011	¥500	3	C001

また、「商品マスター」テーブルに登録されている「商品ID」のレコードが、「販売データ」テーブルに1つ以上存在すると、その「商品ID」に関して「商品マスター」テーブル上で更新・削除することができなくなります（図106）。もし削除してしまうと、「商品マスター」テーブルに存在しないIDが、「販売データ」テーブルで存在することになってしまうからです。

図106 両方のテーブルで存在する「商品ID」は更新・削除できない

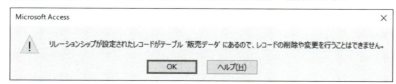

ただし、両方のテーブルのIDを連鎖して更新・削除するということなら可能です。**図100**にて「リレーションシップ」のウィンドウの「参照整合性」にチェックを入れましたが、チェックを入れると「フィールドの連鎖更新」と「レコードの連鎖削除」が選択できるようになります。**図107**のように、両方チェックを入れてみましょう（テーブルが開いていると変更できないので注意してください）。

図107 「連鎖更新」と「連鎖削除」にチェック

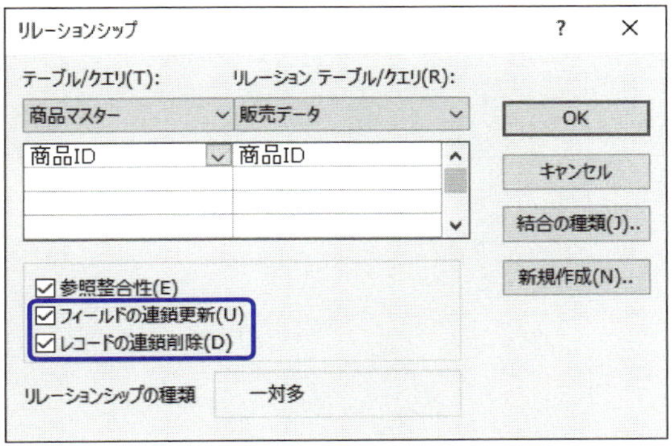

連鎖更新にチェックが入っていると、「商品マスター」テーブルの「商品ID」を更新・削除ができます（**図108**）。ただし、確認メッセージは出ないので注意してください。**図108**のように、「商品マスター」テーブルで「商品ID」が「P003」を「P333」に変更してみます。変更後、「販売データ」テーブルを確認すると、「P003」だったフィールドがすべて更新され、「P333」になります（**図109**）。

図108 「P003」を「P333」へ更新

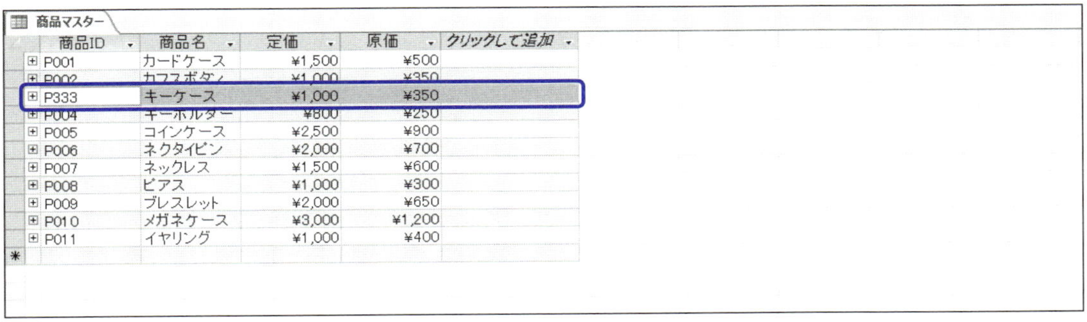

CHAPTER 4 リレーションシップ 複数テーブルでの運用

図109 連鎖更新された

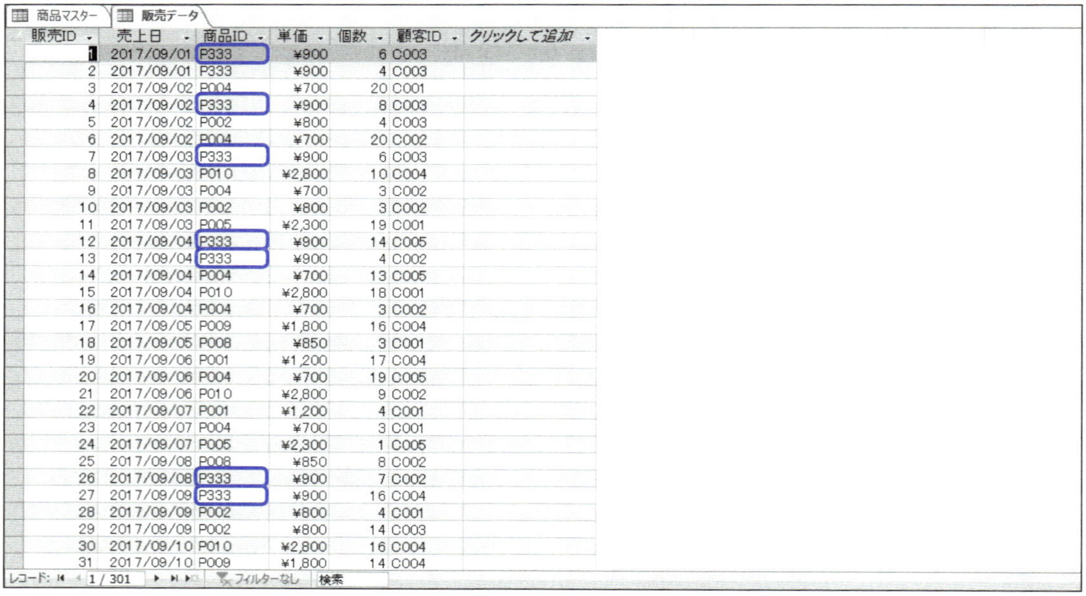

連鎖削除にチェックを入れた状態で「商品マスター」テーブルでレコードを削除すると(**図110**)、「販売データ」テーブルにあった同じIDのレコードもすべて削除されます(**図111**)。

図110 「P333」のレコードを削除

4-5 結合の種類と参照整合性〜リレーションシップの最難関ポイント

図111　「P333」のレコードが連鎖削除された

販売ID	売上日	商品ID	単価	個数	顧客ID
3	2017/09/02	P004	¥700	20	C001
5	2017/09/02	P002	¥800	4	C003
6	2017/09/02	P004	¥700	20	C002
8	2017/09/03	P010	¥2,800	10	C004
9	2017/09/03	P004	¥700	3	C002
10	2017/09/03	P002	¥800	3	C002
11	2017/09/03	P005	¥2,300	19	C001
14	2017/09/04	P004	¥700	13	C005
15	2017/09/04	P010	¥2,800	18	C001
16	2017/09/04	P004	¥700	3	C002
17	2017/09/05	P009	¥1,800	16	C004
18	2017/09/05	P008	¥850	3	C001
19	2017/09/06	P001	¥1,200	17	C004
20	2017/09/06	P004	¥700	19	C005
21	2017/09/06	P010	¥2,800	9	C002
22	2017/09/07	P001	¥1,200	4	C001
23	2017/09/07	P004	¥700	3	C001
24	2017/09/07	P005	¥2,300	1	C005
25	2017/09/08	P008	¥850	8	C002
28	2017/09/09	P002	¥800	4	C001
29	2017/09/09	P002	¥800	14	C003
30	2017/09/10	P010	¥2,800	16	C004
31	2017/09/10	P009	¥1,800	14	C004
32	2017/09/10	P006	¥1,800	19	C005
33	2017/09/10	P010	¥2,800	20	C005
34	2017/09/10	P007	¥1,300	6	C001
35	2017/09/11	P005	¥2,300	14	C003
36	2017/09/11	P002	¥800	15	C004
37	2017/09/11	P001	¥1,200	18	C004
38	2017/09/11	P010	¥2,800	2	C005
39	2017/09/11	P001	¥1,200	20	C005

CHAPTER 4

4-6 ルックアップフィールド ～入力ミスを防げる

テーブルへの入力補助でルックアップフィールドという便利な機能があります。誤入力が防げるうえに見た目もわかりやすくなるので、ぜひ覚えておきましょう。

4-6-1 データを選択できるルックアップフィールド

　参照整合性は非常に強力なのですが、融通が効かないという点には注意しなければなりません。たとえば運用していて、マスターテーブルの「商品ID」の発行が間に合わないので、販売データに仮のIDで実績を入力しておきたい、ということがあるかもしれません。しかし参照整合性を設定してしまうと、仮のIDというあいまいなデータは入力することができないので、そういった場合に対応できないのです（図112）。

図112 参照整合性が設定されていると仮IDは入れられない

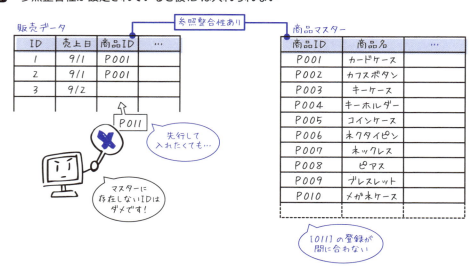

　そんな可能性がある場合、参照整合性の代わりにルックアップフィールドという機能を使うとよいでしょう。これは参照整合性のようにマスターと異なるデータの入力を禁止することはできません

が、フィールドに選択肢を表示して、その中から選ぶことができます（**図113**）。「選ぶ」という行為によって直接入力よりも速く、入力間違いも起こりません。しかも選択肢には複数のフィールドを表示することができるので、選ぶ側は非常にわかりやすくなります。

また、選択肢以外のものを直接入力することもできるので、仮のIDなどのあいまいなデータも入力することができます。

図113 フィールドの選択肢を表示して選べる

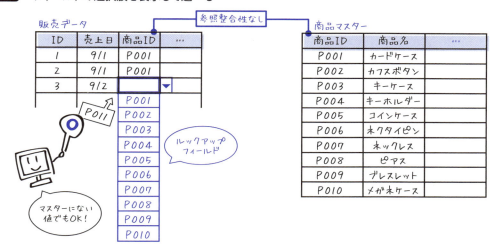

4-6-2 ルックアップフィールドの設定方法

「販売データ」テーブルをデザインビューで開き、「商品ID」を選択します。画面下のフィールドプロパティの「ルックアップ」タブを選択します（**図114**）。

図114 「商品ID」の「ルックアップ」タブを選択

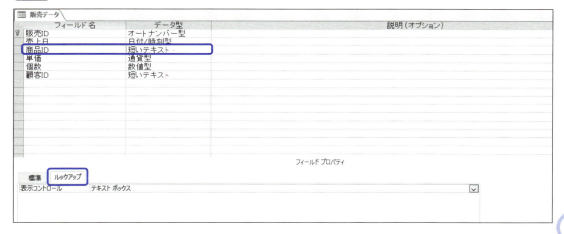

CHAPTER 4 リレーションシップ 複数テーブルでの運用

「表示コントロール」を「コンボボックス」に変更し、「値集合タイプ」を「テーブル/クエリ」、「値集合ソース」を「商品マスター」にします（図115）。

図115　「商品マスター」を情報源にする

![図115]

テーブルを保存して、データシートビューへ切り替えます。「商品ID」へカーソルを置くと、選択式になっているのがわかります（図116）。

図116　「商品ID」が選択式になった

![図116]

これだけでも手入力よりかんたんになりましたが、せっかくなのでもうちょっと便利にしてみましょう。デザインビューへ戻り、「列数」を「2」にしてみます（図117）。

図117　「列数」を「2」へ

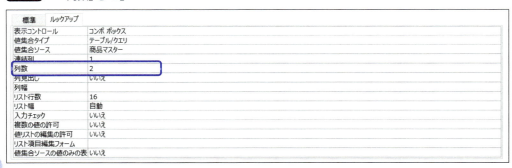

4-6 ルックアップフィールド〜入力ミスを防げる

保存してデータシートビューへ切り替え、「商品ID」を見てみると、ちょっと見切れていますが「商品名」も表示されています（図118）。これは、「値集合ソース」である「商品マスター」テーブルの左から数えた2列分が表示されているのです。

図118 「商品マスター」テーブルの2列分表示された

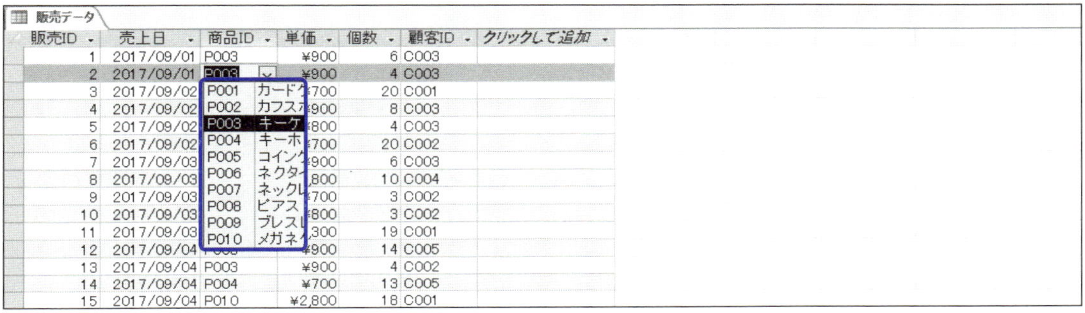

このままでは見切れているので、幅を整えましょう。図119のように、デザインビューで「リスト幅」を「5」と入力すると（自動でcmが入ります）、図120のように幅が広がりました。

図119 「リスト幅」を「5」へ

図120 幅が広がった

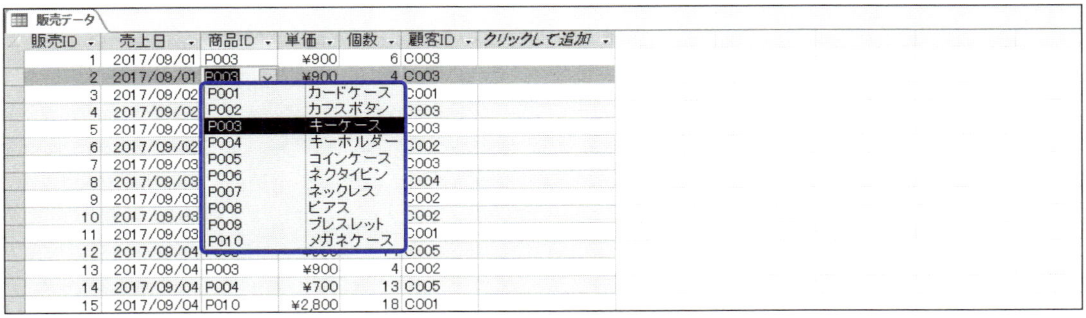

195

CHAPTER 4 リレーションシップ 複数テーブルでの運用

　フィールド幅が等間隔なので、短いフィールドには無駄な余白ができてしまいます。個々に幅を設定したい場合は、「列幅」に「1;3」のように「;(セミコロン)」で区切って列数と同じ数だけ幅を設定します。「リスト幅」にはそのすべてを足した数値にします（**図121**）。すると、**図122**のようにちょうどよい間隔に設定できます。

図121 「列幅」と「リスト幅」を調整

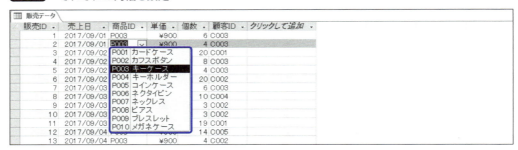

図122 それぞれの列幅を設定

　なお、「入力チェック」が「いいえ」になっている場合（**図123**）、選択肢とは別の値を直接入力することも可能です（**図124**）。初期値で「入力チェック」が「いいえ」ですが、「はい」に設定すると、選択肢以外の値は登録できなくなります。

図123 「入力チェック」が「いいえ」

4-6 ルックアップフィールド～入力ミスを防げる

図124 直接入力も可能

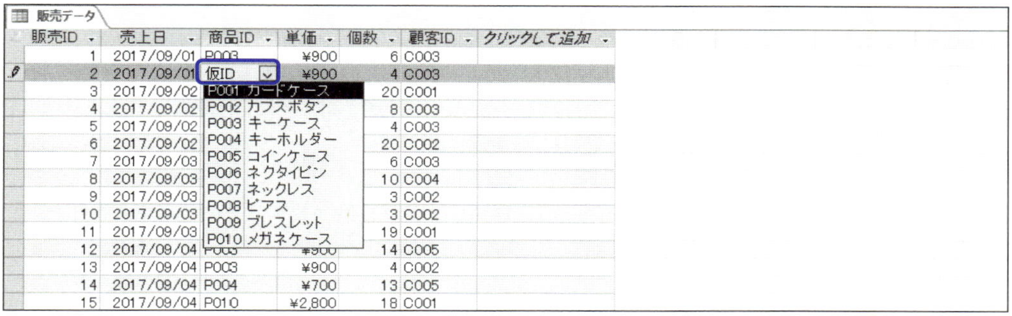

なお、**4-5-2**（P.185）から続けて操作を行っている場合、参照整合性の設定は外しておきます。
同じように「顧客ID」フィールドにもルックアップを設定すれば（**図125**）、**図126**のように入力が便利になります。

図125 「顧客ID」にもルックアップを設定

197

CHAPTER 4 リレーションシップ 複数テーブルでの運用

図 126 ルックアップを設定した結果

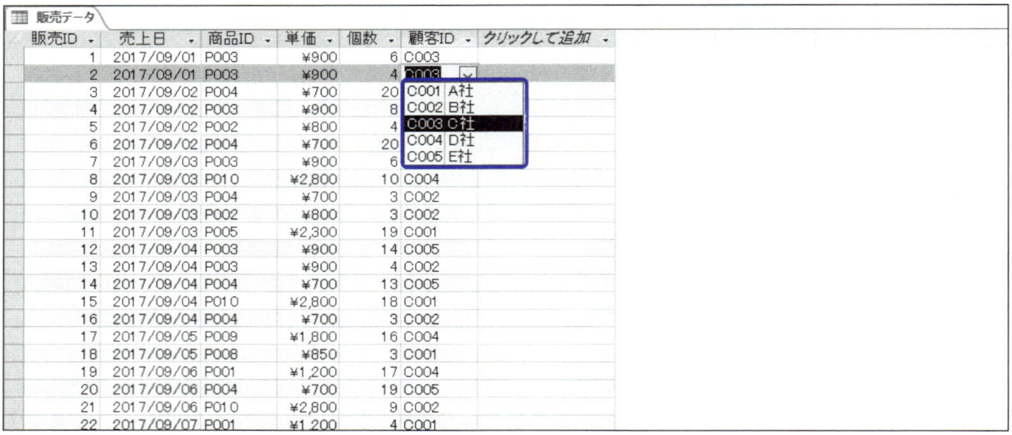

CHAPTER 5

レポート
帳票出力と印刷

CHAPTER 5

5-1 単票形式、表形式、帳票形式～3つの形式を使い分ける

データをテンプレートに当てはめて印刷形式に出力できるレポート機能を学びます。レポートは、あらかじめ用意されたものの中から選ぶことも、自由にレイアウトして作成することもできます。

5-1-1 単票形式

単票形式は、図1のようにフィールド名とデータが一対になっており、縦に並んでいます。フィールド数が多く、ひとつのレコードの情報を詳細まできっちり出力する場合に適しています。

図1 単票形式

5-1-2 表形式

表形式は、図2のようにフィールド名が上部に横並びになり、その下にレコードが1行ずつ配置されるレイアウトです。データシートビューの見た目に似ていますね。たくさんのレコードを一覧で読み取りたい場合に適しています。

5-1 単票形式、表形式、帳票形式〜3つの形式を使い分ける

図2 表形式

売上日	商品名	個数	顧客名	売上	粗利率
2017/09/02	キーホルダー	20	A社	¥14,000	64.29%
2017/09/03	コインケース	19	A社	¥43,700	60.87%
2017/09/04	メガネケース	18	A社	¥50,400	57.14%
2017/09/05	ピアス	3	A社	¥2,550	64.71%
2017/09/07	カードケース	4	A社	¥4,800	58.33%
2017/09/07	キーホルダー	3	A社	¥2,100	64.29%
2017/09/09	カフスボタン	4	A社	¥3,200	56.25%
2017/09/10	ネックレス	6	A社	¥7,800	53.85%
2017/09/13	メガネケース	5	A社	¥14,000	57.14%
2017/09/14	ネクタイピン	6	A社	¥10,800	61.11%
2017/09/16	ネックレス	5	A社	¥6,500	53.85%
2017/09/17	カフスボタン	5	A社	¥4,000	56.25%
2017/09/21	カードケース	6	A社	¥7,200	58.33%
2017/09/23	コインケース	5	A社	¥11,500	60.87%
2017/09/23	メガネケース	5	A社	¥14,000	57.14%

5-1-3 帳票形式

帳票形式は、図3のように自動的にひとつのレコードをコンパクトに配置してくれます。たくさんのレコードを印刷したいという場合は表形式がおすすめなのですが、フィールド数が多いと横幅が収まりません。かといって、単票形式ではたくさんのレコードを印刷すると、枚数が多くなりすぎてしまいます。

そのような、フィールド数が多く、かつたくさんのレコードを印刷したい場合に適したレイアウトが帳票形式です。

図3 帳票形式

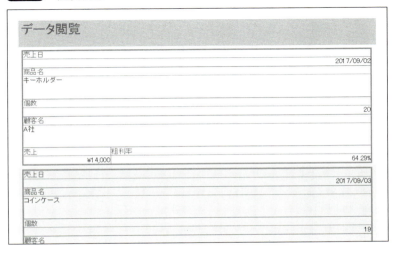

CHAPTER 5

5-2 レポートで使う4つのビュー
～それぞれの特徴と役割

テーブルやクエリを表示する際、デザインビューとデータシートビューと2つのビュー形式がありましたが、レポートには4つのビュー形式があります。レポート作成の際、このビューを使い分けて作業します。

5-2-1 デザインビュー

どのフィールドを、どこにどんな大きさで配置するかなどを決めるときに使うビュー形式です。特にヘッダー・フッターなどの、レポートの全体的な構造を詳細に設定できます。ただし、実データの内容を確認しながら編集することができません。

図4　デザインビュー

5-2-2 レイアウトビュー

実データの内容を確認しながらレポートを編集できるビュー形式です。デザインビューと異なり、配置を大きく変更するような編集はできませんが、実際にどんなデータが入るのかを見ながら、位置やサイズ、書式の調整をすることができます。

図5 レイアウトビュー

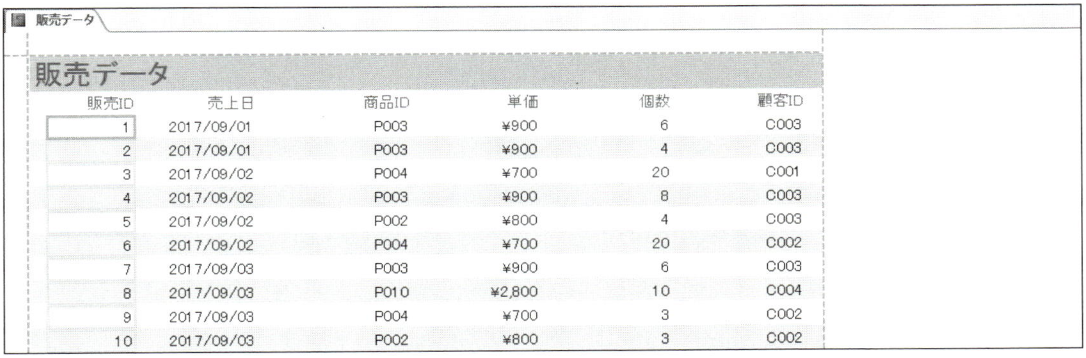

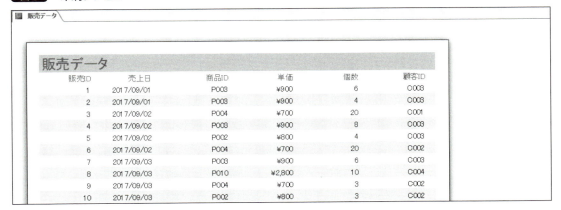

5-2-3 印刷プレビュー

　作成したレポートを実際に紙に印刷する際、どのようなレイアウトになるかを確認するビュー形式です。ヘッダー・フッターの設定が反映されます。

図6 印刷プレビュー

5-2-4 レポートビュー

　データの閲覧を目的としたビュー形式です。レイアウトビューと似ていますが、こちらは「編集できない」ことが特徴です。レイアウトビューではデータを確認しながら、うっかりレイアウトを変更してしまったり要素を削除してしまったりする可能性があるので、単なる閲覧目的ならば、レポートビューのほうが安全です。

　フィルターを使ってレコードを絞り込む機能が便利で、その状態で印刷プレビューに切り替えれば、フィルターが適用された結果をレポートで印刷することができます。

CHAPTER 5　レポート　帳票出力と印刷

図7　レポートビュー

販売データ

販売ID	売上日	商品ID	単価	個数	顧客ID
1	2017/09/01	P003	¥900	6	C003
2	2017/09/01	P003	¥900	4	C003
3	2017/09/02	P004	¥700	20	C001
4	2017/09/02	P003	¥900	8	C003
5	2017/09/02	P002	¥800	4	C003
6	2017/09/02	P004	¥700	20	C002
7	2017/09/03	P003	¥900	6	C003
8	2017/09/03	P010	¥2,800	10	C004
9	2017/09/03	P004	¥700	3	C002
10	2017/09/03	P002	¥800	3	C002
11	2017/09/03	P005	¥2,300	19	C001
12	2017/09/04	P003	¥900	14	C005
13	2017/09/04	P003	¥900	4	C002
14	2017/09/04	P004	¥700	13	C005
15	2017/09/04	P010	¥2,800	18	C001

CHAPTER 5

5-3 レポートウィザード
～テーブルを帳票出力する

レポートを作成するには、まずはウィザードという機能を使ってみると便利です。案内に沿ってクリックしていくだけで、かんたんにレポートを作成することができます。

5-3-1 4種類のウィザード

リボンの「作成」タブの「レポート」のグループには、4つのウィザードがあります。そのうち「宛名ラベル」「伝票ウィザード」「はがきウィザード」は、メーカーや運送会社の発行している一般的な伝票類のテンプレートがあらかじめ用意されていて、その中から選んでレポートを作成します。

図8 ウィザードの起動ボタン

流通している伝票類に合わせて位置が調整されているので、あてはめるフィールドを選ぶだけで、すぐに印刷可能なレポートが作成できます。

CHAPTER 5　レポート　帳票出力と印刷

図9　「宛名ラベルウィザード」のウィンドウ

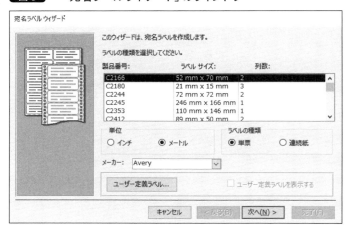

図10　「伝票ウィザード」のウィンドウ

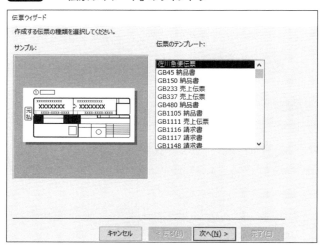

図11　「はがきウィザード」のウィンドウ

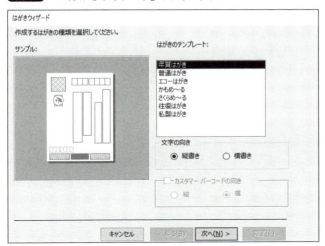

「レポートウィザード」は、既存のテーブルやクエリからフィールドを選び、5-1（P.200）で解説した印刷形式を選んでオリジナルのレポートを作成できます。あまり複雑なレイアウトにはできませんが、一覧表のようなものなら「レポートウィザード」を使うとかんたんです。

図12　「レポートウィザード」のウィンドウ

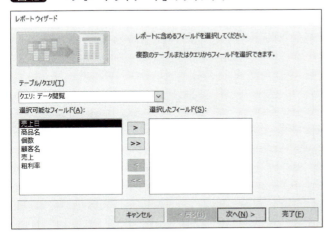

CHAPTER 5 レポート　帳票出力と印刷

5-3-2 レポートウィザードでテーブルを印刷形式にする

それでは「販売データ」テーブルを、「レポートウィザード」を使って表形式のレポートにしてみましょう。ナビゲーションウィンドウで「販売データ」テーブルを選択し、リボンの「作成」タブから「レポートウィザード」をクリックします（図13）。

図13　「レポートウィザード」をクリック

「販売データ」テーブルが選択されていることを確認し、レポートに含めたいフィールドを選択します。ひとつずつ選択する場合、フィールドを選んで > を、すべて選択する場合は、>> を、それぞれクリックします（図14）。選択後、「次へ」をクリックします。

図14　テーブルとフィールドを選択

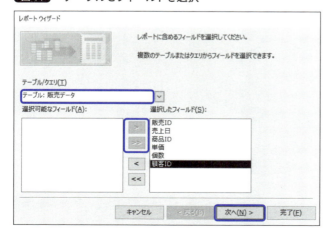

208

図15にて、「グループレベル」を指定すると、そのフィールドの同じ値のレコードがまとまって出力されます。ここでは単純な一覧表を作成するので、グループレベルは指定せずにそのまま「次へ」をクリックします。

図15　グループレベルの設定

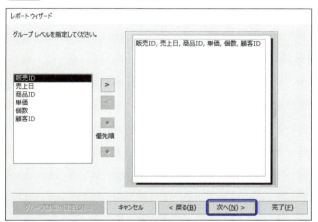

ちなみに、ここで「商品ID」を選択し > をクリックすると、図16のように「商品ID」でまとめられたレポートを作成できます。

図16　「グループレベル」に「商品ID」を指定した例

商品ID	販売ID	売上日	単価	個数	顧客ID
P001					
	19	2017/09/06	¥1,200	17	C004
	22	2017/09/07	¥1,200	4	C001
	37	2017/09/11	¥1,200	18	C004
	39	2017/09/11	¥1,200	20	C005
	40	2017/09/12	¥1,200	11	C003
	69	2017/09/21	¥1,200	6	C001
	71	2017/09/22	¥1,200	13	C003
	98	2017/10/01	¥1,200	12	C002
	100	2017/10/01	¥1,200	16	C003
	108	2017/10/03	¥1,200	1	C004
	111	2017/10/04	¥1,200	12	C002
	122	2017/10/08	¥1,200	14	C002
	126	2017/10/09	¥1,200	3	C005
	136	2017/10/12	¥1,200	19	C003
	149	2017/10/16	¥1,200	3	C003
	166	2017/10/21	¥1,200	16	C001
	170	2017/10/22	¥1,200	18	C002
	176	2017/10/23	¥1,200	18	C002
	181	2017/10/26	¥1,200	16	C001
	193	2017/10/29	¥1,200	7	C004
	194	2017/10/29	¥1,200	20	C002

次に進むと、レポートとして出力される際のレコードの順番を、4つまで指定できます。「販売ID」が「昇順」で並ぶようにしてみましょう（図17）。

図17 並び順を指定

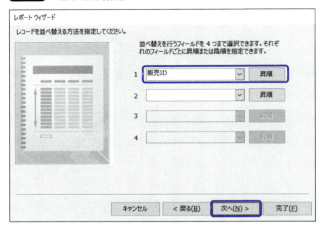

続いて、レポートの形式を選択します。テーブルのレコードを一覧にしたいので、ここでは「表形式」を選び「次へ」をクリックします（図18）。

図18 レポートの形式を選択

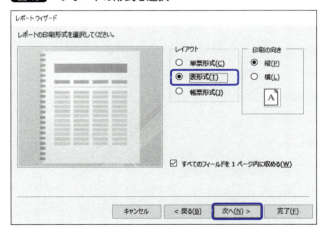

最後にレポート名を付けて、作成後に開くビュー形式を選択して「完了」をクリックします。「レポートをプレビューする」を選ぶと「印刷プレビュー」で、「レポートのデザインを編集する」を選ぶと「デザインビュー」で開きます（図19）。

5-3 レポートウィザード〜テーブルを帳票出力する

図19 レポート名の設定と作成後のビューの選択

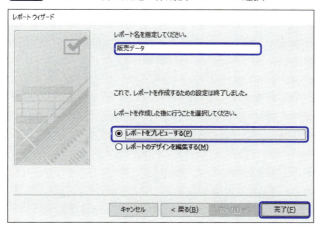

ウィザードが終了して、「表形式」の「販売データ」レポートが作成できました（**図20**）。

図20 ウィザードで作成した「販売データ」レポート

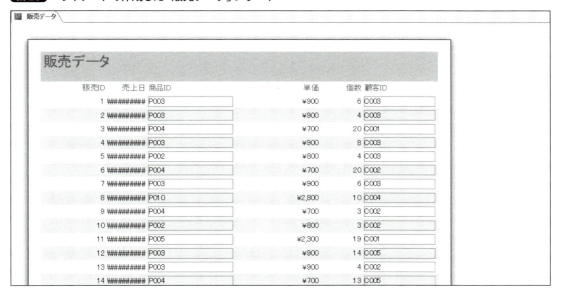

　ウィザードで自動作成したレポートは、環境によってはサンプルの「売上日」フィールドのように実データに対して幅が狭すぎて表示できていなかったり、線で囲まれているフィールドとそうでないフィールドがあったり、そのまま理想的な形になるとは限りません。

　表示できていない「売上日」をすぐに直したいところですが、レポートの構造とビューの使い方を理解してからのほうがわかりやすいので、先にそちらから覚えていきましょう。

CHAPTER 5 レポート 帳票出力と印刷

5-3-3 セクションとコントロール

まず、作成したレポートの全体像を確認してみます。ナビゲーションウィンドウで「販売データ」レポートを選択しておきます。

印刷プレビュー表示では、「ズーム」で表示倍率を変更することができ、「ウィンドウサイズに合わせる」を選択すると、ページの全体が見渡せます。2ページ以降を確認したいときは、下部の「ページ」部分から変更できます（図21）。

図21 印刷プレビュー

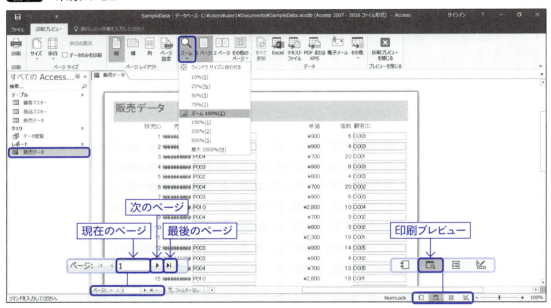

このレポートは全部で8ページあり、図22のようになっています。フィールド名が上部に、本日の日付が左下に、ページ数が右下に表示されています。この3つは、全ページに共通していますね。しかし、タイトルのように1つしかない要素もあります。

5-3 レポートウィザード〜テーブルを帳票出力する

図22 印刷プレビューで見たページ

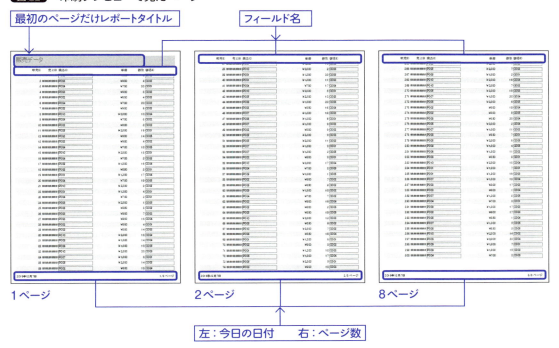

次に、このレポートをデザインビューに切り替えてみましょう。デザインビューは、ほかのビューに比べると見た目がかなり違いますね。慣れないとちょっと難しそうに思えますが、この段階では図23のように、「セクション」という領域と、「コントロール」という要素でできていることを理解しておきましょう。

図23 セクションとコントロールで構成されているデザインビュー

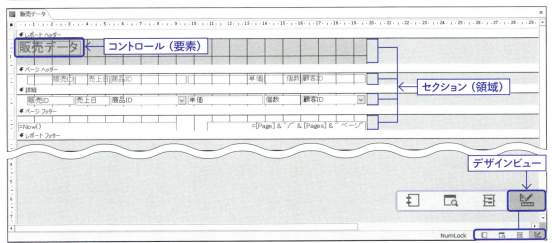

CHAPTER 5 レポート 帳票出力と印刷

コントロールにはいろんな種類があり、ウィザードで作成したレポートは、自動で最適なコントロールが割り当てられています（**表1**）。

表1 コントロールの例

種類	特徴	用途
ラベル	内容が変わらない	レポートのタイトル、見出しのフィールド名など
テキストボックス	内容が変わる	フィールド、日付やページ数を出力する式など
コンボボックス	内容が変わり、選択式のもの	ルックアップ設定がしてあるフィールドなど

「デザイン」タブの「プロパティシート」を表示させると、選択したコントロールの種類が確認できます。このレポートでは、**図24**のようなコントロールになっています。

コントロールによっては、デザインビューでの見た目と印刷プレビューでの見た目が異なることがあります。この中では、印刷プレビューではコンボボックスが線で囲まれていますが（**図22**）、デザインビューでは線はありません。

「商品ID」と「顧客ID」は、**4-6**（P.192）においてルックアップの設定で選択式のフィールドになっていたので、コンボボックスが割り当てられました。コンボボックスはデフォルトで枠線ありの設定になっています。そのため、印刷プレビューで見たときにここだけ線で囲まれていたのです。

図24 「販売データ」レポートのコントロール

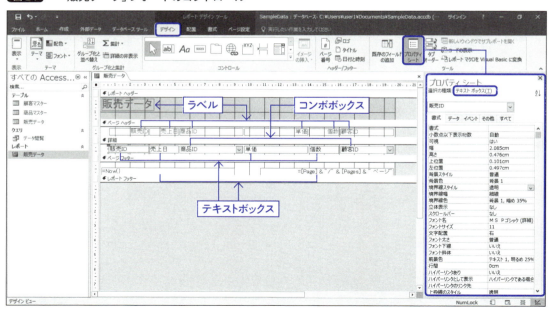

5-3 レポートウィザード～テーブルを帳票出力する

このデザインビューを、印刷プレビューと対比させたものが図25です。ヘッダーとフッターが各ページに固定され、「詳細」セクションがレコードの数だけ繰り返されて、出力されています。

図25 デザインビューと印刷プレビューの対比

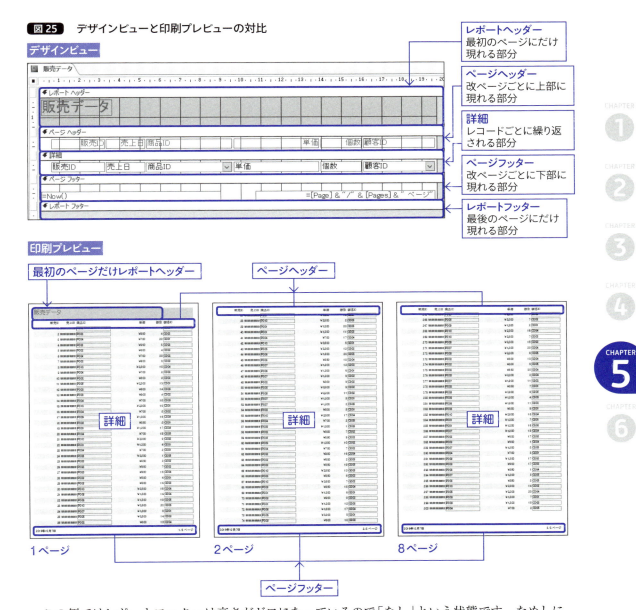

この例ではレポートフッターは高さがゼロになっているので「なし」という状態です。ためしに、レコードの件数を出力するコントロールを作成して、どのように表示されるのか確認してみましょう。デザインビューで「レポートフッター」と書かれている枠の下部にカーソルを合わせると、図26のような表示になります。

図26 セクションの高さが変更可能な状態

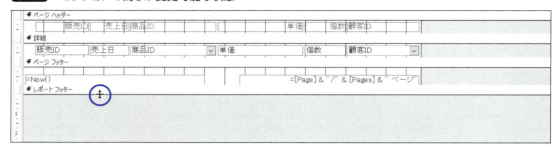

　この状態で下へドラッグすると、レポートフッターの領域が出てきます（図27）。ほかのセクションも、同じ方法で上下にドラッグすることで、高さを変更できます。

図27 セクションの高さを変更した

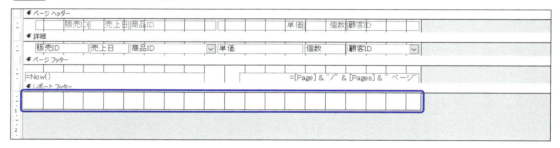

　レコードの件数を表示するコントロールを作ります。「詳細」セクションの中で、カウントしたいフィールド（主キーの「販売ID」がよいでしょう）を選択し、リボンの「集計」の「レコードのカウント」をクリックします（図28）。

図28 「レコードのカウント」をクリック

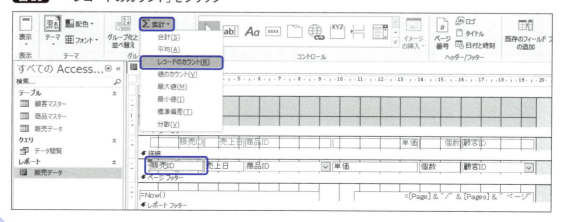

すると、レポートフッターの領域に図29のようなテキストボックスが現れました。「=Count(*)」とは、レコードの件数を出力する式です。

図29 レコードのカウントを出力する式

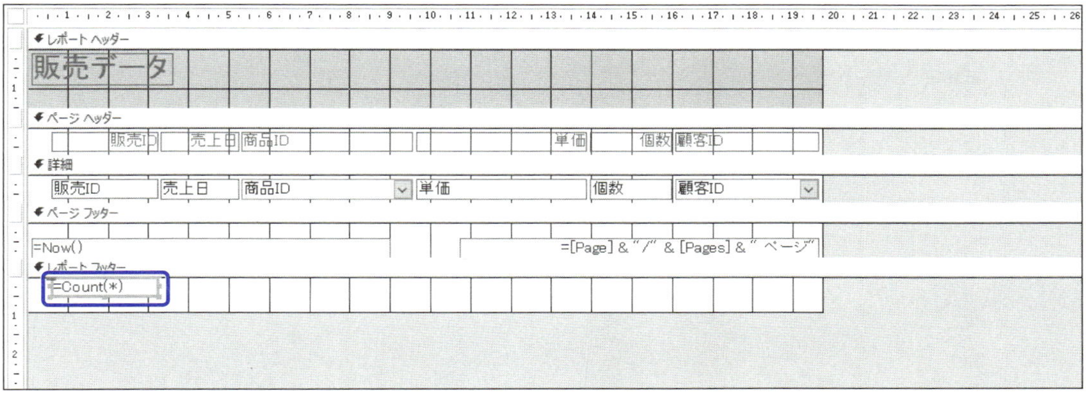

このままだとただ数値が表示されるだけなので、「=Count(*)&"件"」とします。また、あまり上寄りになっていると、表示されるときに前のセクションのコントロールに近付きすぎてしまうので、少し下へ動かして、余白を作っておきましょう（図30）。

図30 表示を修正する

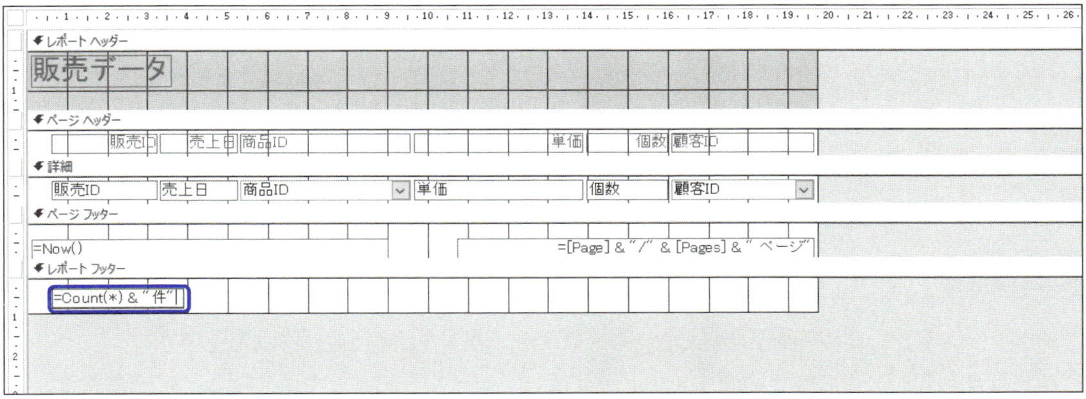

この状態で印刷プレビューに切り替えると、図31のように最後のページに件数が表示されました。レポートフッターは詳細の直下に出力されるので、ページの下部とは限らないということに注意してください。

CHAPTER 5 レポート 帳票出力と印刷

図31 レポートフッターにレコード件数が出力された

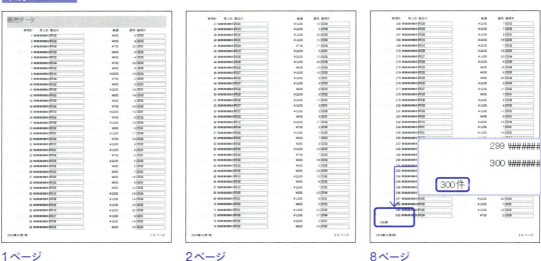

1ページ　　　　　　　　2ページ　　　　　　　　8ページ

5-3-4 ウィザードで作成したレポートを手直しする

セクションとコントロールが理解できたら、このサンプルを手直ししてみましょう。

まずはコントロールの幅を調整します。デザインビューでもできますが、幅などの微調整は、実際のデータを確認しながら編集したほうが便利なので、レイアウトビューに切り替えます（**図32**）。なお、レイアウトビューでは改ページが存在しません。これはレポートビューも同様です。

5-3 レポートウィザード～テーブルを帳票出力する

図32 レイアウトビューに切り替え

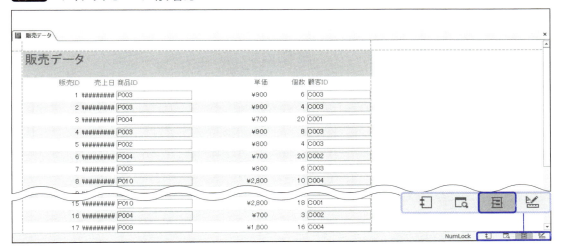

ここで「販売ID」の幅を狭めて、「売上日」の幅を広げてみましょう。まず、「販売ID」の実データが表示されているテキストボックス部分をクリックします。ここは、デザインビューでは「詳細」セクションの部分なので、1つをクリックすると、すべて選択されます（**図33**）。

図33 「販売ID」のテキストボックスを選択

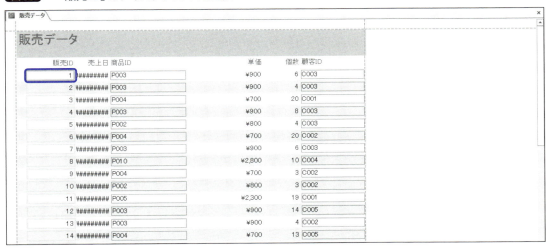

合わせて、フィールド名が表示されているラベル部分も選択します。複数のコントロールを選択するには、Shiftキーを押しながらクリックします。続いて、選択されているいずれかのコントロールの右端にカーソルを合わせると、**図34**のような表示になります。この状態で左へドラッグすると、幅が狭くなります（**図35**）。

CHAPTER 5　レポート　帳票出力と印刷

図34　コントロールの幅が変更可能な状態

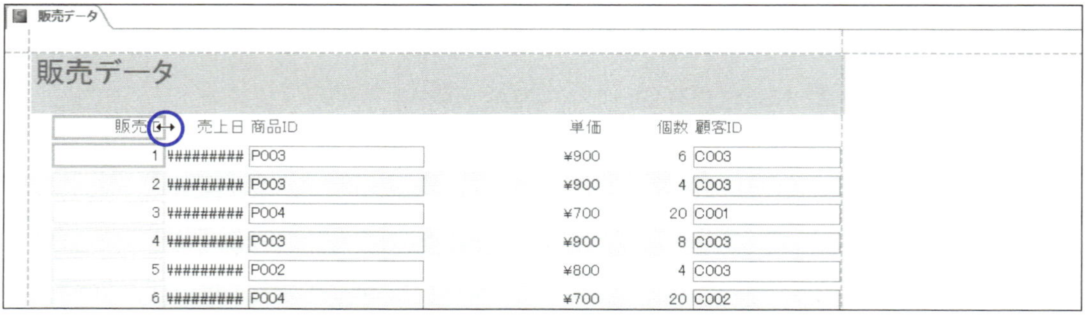

図35　「販売ID」の幅を変更した

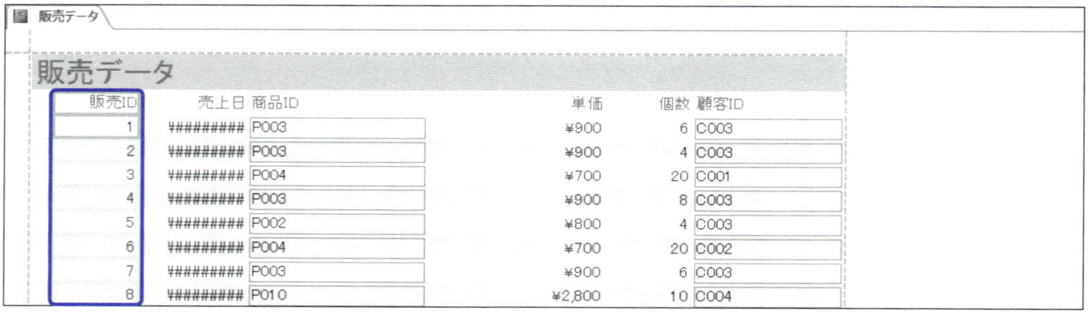

　同じ要領で、「売上日」のテキストボックスとラベルを選択し、幅を広げます。「売上日」の幅が広がると、表示幅が足りなくてエラーになっていた日付が正常に表示されます。（**図36**）。お好みで、ほかのフィールドも幅を調整してみましょう。

図36　「売上日」の幅を変更した

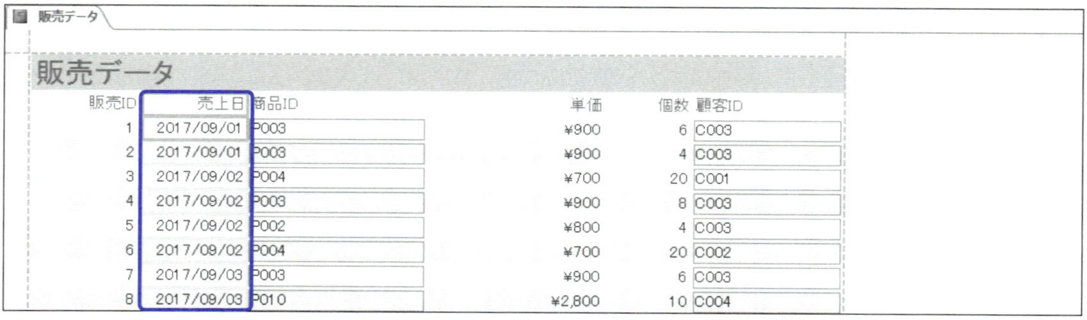

　ちなみにコントロールは、テーブル設計時のフィールドの型によって、数値や日付型は右揃え、テキストは左揃えとなっています。右揃えと左揃えが近接して読みにくい部分もあるので、コント

5-3 レポートウィザード〜テーブルを帳票出力する

ロールを選択した状態で「書式」タブから右揃えにしてみましょう（**図37**）。

図37 文字配置を変更

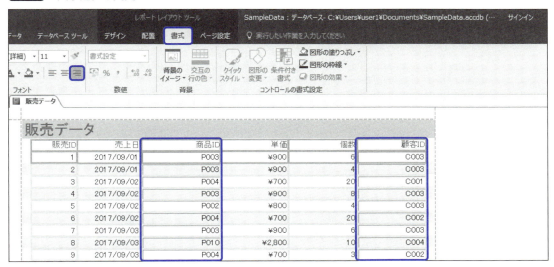

次に、**図36**のように「商品ID」と「顧客ID」だけ線で囲まれているので、線を消しましょう。この2種類はコンボボックスなので線が初期値で表示されます。Shiftキーを押しながら2つのコントロールを選択し、「書式」タブから「図形の枠線」を「透明」に変更します（**図38**）。

図38 「図形の枠線」の「透明」を選択

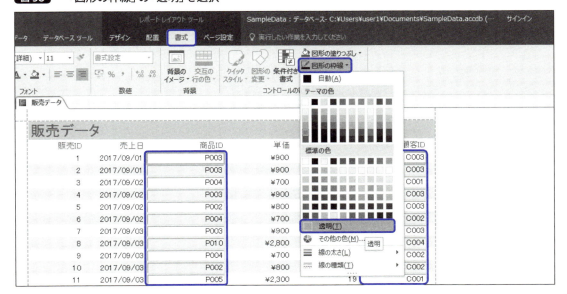

221

線が消え、表示に統一感が表現されました（図39）。

図39 線が消えた

5-3-5 フィルターを使ってレコードを絞り込む

現在、このレポートは「販売データ」テーブルのレコードをすべて表示しています。このレコードに条件を付けて絞り込んでみましょう。今度はデータの閲覧目的なので、レポートビューで表示します。

フィルターを設定したいフィールドにカーソルを合わせて右クリックすると図40のような表示が出るので、ここからお好みのフィルターをかけることができます。

図40 右クリックからフィルターをかける

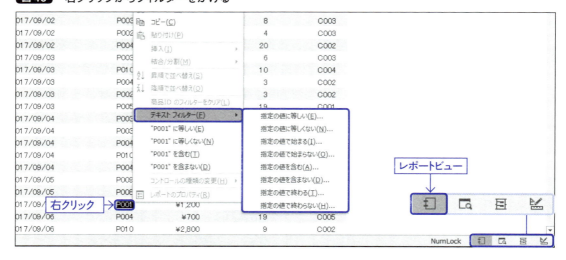

フィールドを選択してリボンの「ホーム」タブの「フィルター」をクリックしても、設定できます（図41）。この方法では、複数のアイテムをクリックで選択することができます。

5-3 レポートウィザード〜テーブルを帳票出力する

図41 リボンのアイコンからフィルターをかける

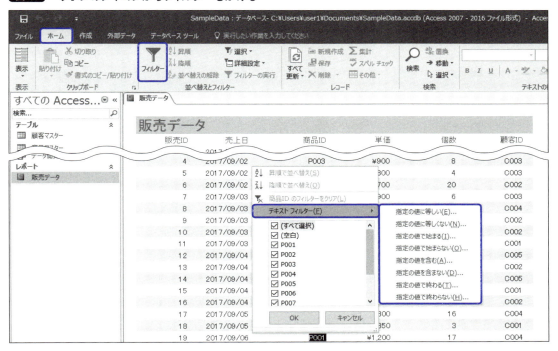

例として「P001」のレコードにフィルターをかけてみます。「P001」のフィールドの上で右クリックし、「"P001"に等しい」をクリックします（**図42**）。

図42 「P001」でフィルターをかける

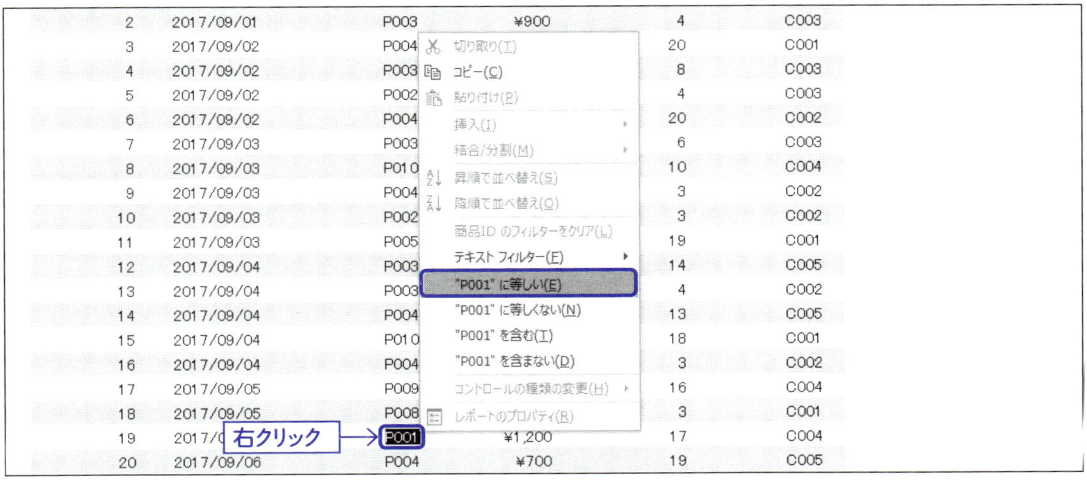

フィルターが適用され、「P001」のレコードのみが表示されました（図43）。フィルターを解除する場合は、リボンの「ホーム」タブから「フィルターの実行」をクリックします。

図43 フィルターが適用されている状態

フィルターが適用されている状態で表示ビューを切り替えてもフィルターは解除されないので、絞り込んだレコードだけを印刷することができます（図44）。

図44 フィルターが適用された状態の印刷プレビュー

5-3-6 もっとかんたんにレポートを作成するには

既存のテーブルやクエリを、「すべておまかせ」でレポートを作成する方法もあります。一番適した形をAcessが判断して、ワンクリックでレポートにしてくれるのです。

やり方は、ナビゲーションウィンドウでレポート化したいテーブルまたはクエリを選択して、「作成」タブから「レポート」をクリックするだけです（図45）。

図45 「おまかせ」でレポートを作成

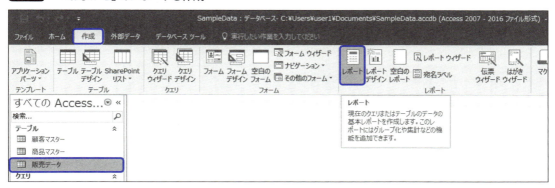

自動で作成されたレポートが、レイアウトビューで開きました（図46）。

図46 自動作成されたレポート

販売ID	売上日	商品ID	単価	個数	顧客ID
1	2017/09/01	P003	¥900	6	C003
2	2017/09/01	P003	¥900	4	C003
3	2017/09/02	P004	¥700	20	C001
4	2017/09/02	P003	¥900	8	C003
5	2017/09/02	P002	¥800	4	C003
6	2017/09/02	P004	¥700	20	C002
7	2017/09/03	P003	¥900	6	C003
8	2017/09/03	P010	¥2,800	10	C004
9	2017/09/03	P004	¥700	3	C002
10	2017/09/03	P002	¥800	3	C002

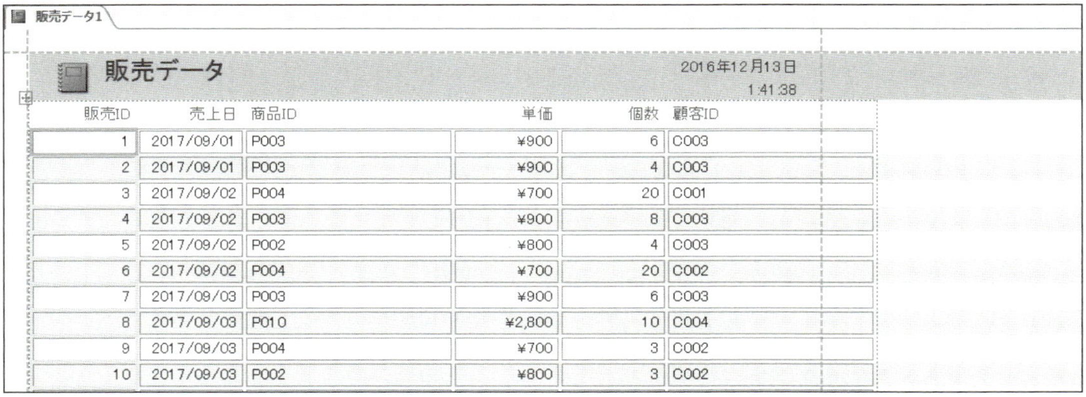

アイコンや日時を配置してくれたり、コントロールが違っても枠線の有無を統一していて、ウィザードで作成したときよりも体裁を整えてくれています。とはいえ、やはり一発で理想的な形になるとは限らないので、細かい部分はデザインビューやレイアウトビューを使って自分で整える必要があります。

CHAPTER 5

売上明細書を印刷する
～クエリを使ってレポート作成

すでに作成してあるクエリは、テーブルと同じ扱いでレポートウィザードからレポートを作成することができます。しかし、レポート用に専用のクエリを用意しなくても、レポート自体にクエリを持たせることができます。

5-4-1 レポートの完成形を詳細に決めておく

まず最初にやるべきことは、どんな形のレポートを作成したいのかを決めておくことです。手描きで紙に書き出してイメージを固めておくのがよいでしょう。

図47 完成形のイメージ

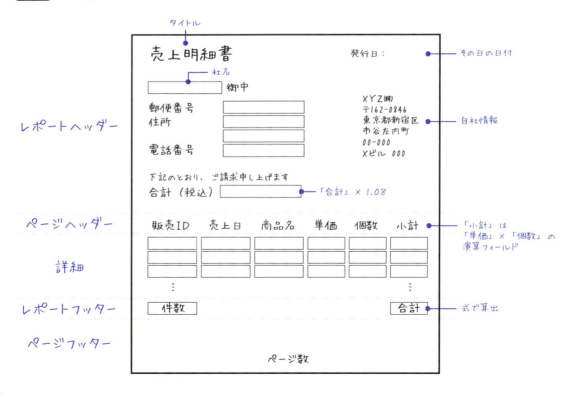

どんな情報が必要で、そのためにはどのテーブルのどのフィールドを使えばよいのか？ 演算フィールドは必要か？ など、どんなコントロールでどのセクションに配置するかなど、細かい部分まできちんと決めてしまうとスムーズにレポートが作成できます。

5-4-2 レポートのレコードソースのクエリを作成する

完成形がイメージできたら、それに沿ってレポートを作成してみましょう。「作成」タブの「レポートデザイン」をクリックします（図48）。

図 48 「レポートデザイン」をクリック

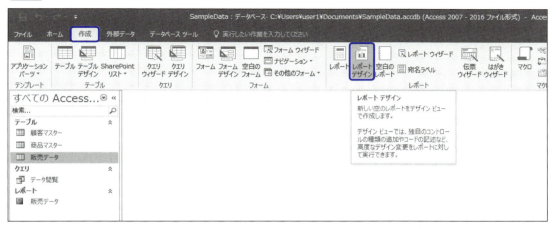

新規レポートがデザインビューで開きます。なお、「空白のレポート」を選ぶと新規レポートがレイアウトビューで開きます。スタートのビューが違うだけで、どちらも同じです。まずはこのレポートを「売上明細書」という名前で保存しましょう（図49）。

図 49 「売上明細書」という名前で保存

このレポートには、まだ「どのテーブルの、どのフィールドを使うのか」という情報が設定されていません。この情報は「レコードソース」と呼ばれます。最初に「レコードソース」を設定しましょう。

「デザイン」タブから「プロパティシート」を表示し、「選択の種類」が「レポート」になっている状態で、「データ」タブ「レコードソース」の […] をクリックします（図50）。

クエリで使用するテーブルを選びます。どのテーブルからもフィールドを使うので、Ctrlキーですべて選択して追加します（図51）。

図50 「レコードソース」から「クエリビルダー」を起動

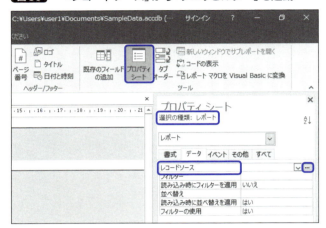

図51 すべてのテーブルを選択

すると図52の画面になりました。タブに「売上明細書：クエリビルダー」と書かれています。これは、通常のクエリオブジェクトとは異なり、レポートの情報源となるクエリです。このクエリはレポートオブジェクトに含まれるため、ナビゲーションウィンドウには表示されません。

図52 「クエリビルダー」が起動した

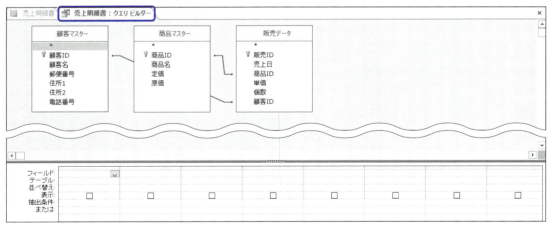

この画面のデザイングリッドへ、最初に考えた完成図を参考に必要なフィールドと演算フィールドを設定します。顧客は1社を指定しておきたいので、とりあえずここでは「A社」としておきましょう（図53）。

図53 レポートに必要なフィールドと条件を設定

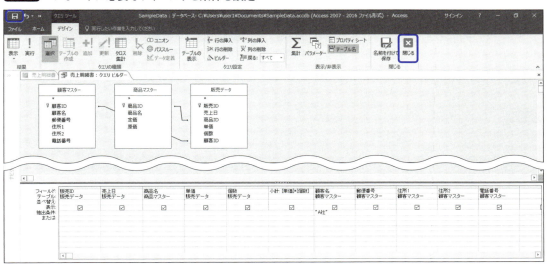

　上書き保存して、「閉じる」をクリックし、クエリ画面を閉じておきます。なお、「名前を付けて保存」をクリックすると、このクエリを1つのクエリオブジェクト（ナビゲーションウィンドウに表示される形）として保存することもできます。

　クエリ画面を閉じると、さきほどのレポートのデザインビューに戻ります。「デザイン」タブの「既存のフィールドの追加」をクリックすると、右側に**フィールドリスト**という項目が表示されます（図54）。ここに現れたフィールドを、セクションに配置していきます。

図54 「フィールドリスト」にフィールドが表示された

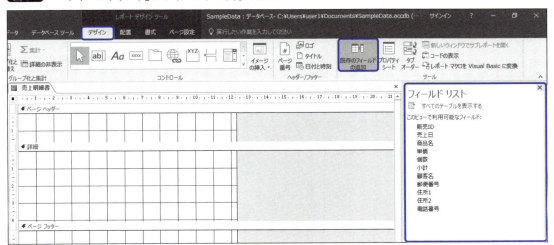

5-4-3 コントロールを配置する

　現在のデザインビューでは、「レポートヘッダー」と「レポートフッター」が非表示になっています。これを表示するには、いずれかのセクションで右クリックから「レポートヘッダー/フッター」を選択することで（図55）、表示と非表示を切り替えることができます（図56）。

図55　「レポートヘッダー/フッター」を選択

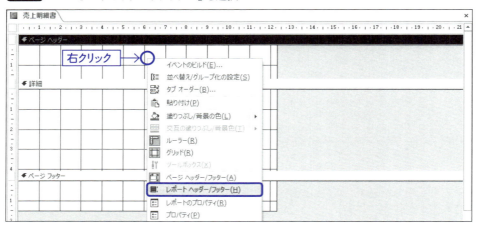

図56　レポートヘッダー/フッターが表示された

それでは、ここへ完成図をイメージしながらコントロールを配置していきます。まずはタイトルを入れましょう。「デザイン」タブの「タイトル」をクリックすると、レポート名を自動でタイトルにしてくれます（図57）。

図57 「タイトル」をクリック

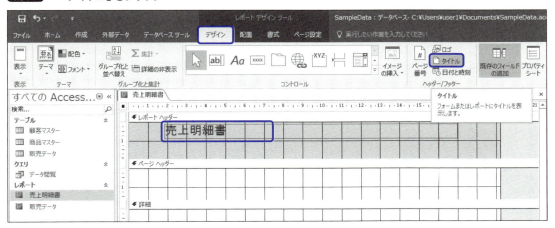

続けて日付を入れましょう。「日付と時刻」をクリックすると（図58）、挿入用のウィンドウが現れます。ここでは日付だけでよいので、「時刻を含める」のチェックを外して「OK」をクリックします（図59）。

図58 「日付と時刻」をクリック

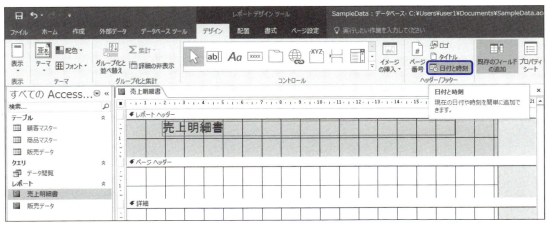

図59 「日付と時刻」のウィンドウ

すると、タイトルの右上に「=Date()」というテキストボックスが表示されました。これは「現在の日付を表示する」という意味です。なお、図59にて「時刻を含める」にチェックを入れた場合、日付の下の段に表示されます。

今回は、日付の前に「発行日：」という文字列を入れたいので、図60のように「="発行日:"&Date()」という形に直しておきます。

図60 文字列を修正

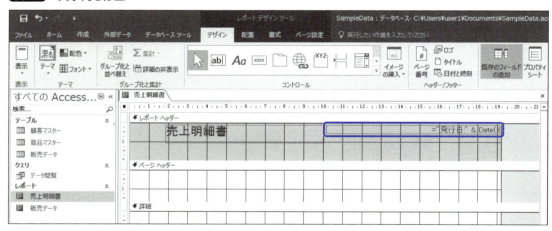

「ロゴ」をクリックすると、左側の空白エリアに画像を挿入することができます。今回はロゴを入れないので、空白エリアを選択して Delete キーで削除しておきます（図61）。

図61　ロゴ部分の空白を削除

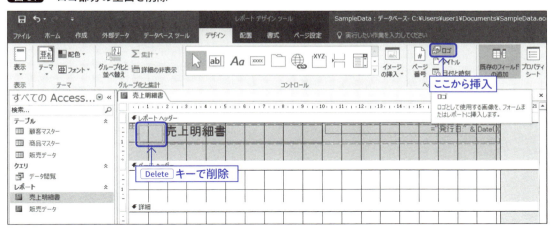

続いて、顧客情報を挿入します。レポートヘッダーの領域を広げ、フィールドリストから Ctrl キーを押しながら該当のフィールドをすべて選択し、配置したいセクションにドラッグします（図62）。

図62　顧客情報のフィールドをドラッグ

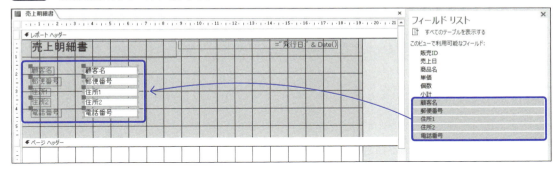

左側はラベルで、見出しとして表示される部分です。右側はテキストボックスで、フィールドの内容が表示されます。「顧客名」のラベルとテキストボックスの位置を入れ替え、ラベルを「御中」とします。それぞれ選択したときに出てくる左上のグレーの ■ をドラッグすると、独立して動かせます。

また、「住所1」「住所2」のラベルは、フィールド名としては正しいのですがレポートにはそぐわないので、「住所」のみにして、下段の「住所2」のラベルは Delete キーで削除しましょう（図63）。

図63 顧客情報の表示部分を修正

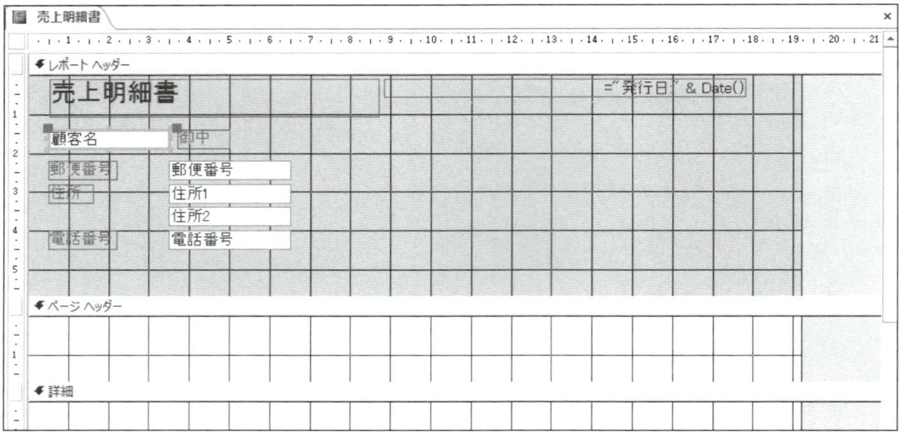

次に自社の情報を挿入します。ここはテーブルにない情報なので、ラベルを使って直接入力します。「デザイン」タブの「コントロール」で「ラベル」を選択し、挿入したい部分で任意の大きさにドラッグします(**図64**)。

図64 ラベルを挿入

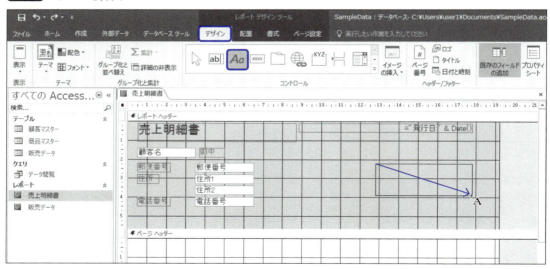

ラベルが挿入できたら、自社の情報を入力します。ラベルは、Shift + Enter キーで改行することができます。このとき、**図65**のようなエラーが表示されることがあります。ラベルは一般的にほかのコントロールの見出しとして使われることが多いのでこのようなエラーが表示されますが、今回のような使い方であれば、このエラーは無視しても構いません。

図65　ラベルに関するエラー表示

これでレポートヘッダーに入れる情報はだいたいそろいました（**図66**）。「合計（税込）」は「合計」ができたあとに設定するので、次のセクションへ移ります。

図66　レポートヘッダーにコントロールを配置できた

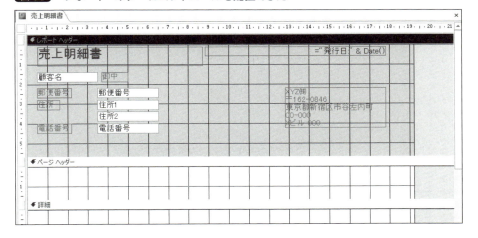

CHAPTER 5 レポート 帳票出力と印刷

フィールドリストからレコードに関する情報を Ctrl キーを押しながらすべて選択し、「詳細」セクションへドラッグします（図67）。

図67 レコード情報のフィールドをドラッグ

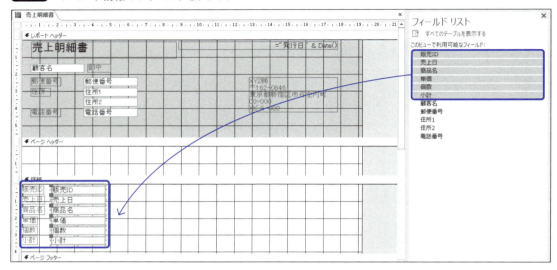

挿入はできましたが、ちょっと完成形のイメージ（図47）と違いますね。ページヘッダーにフィールド名、詳細にフィールドと、横並びの形にしたい場合、該当のコントロールを選択して、右クリックから「レイアウト」の「表形式」をクリックします（図68）。

図68 「表形式」をクリック

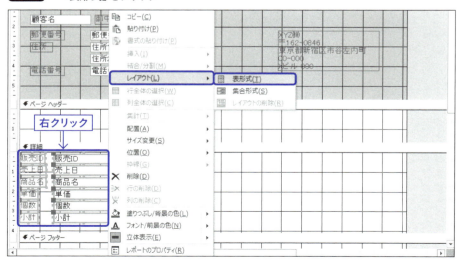

すると、図69のような形になりました。

図69 表形式になった

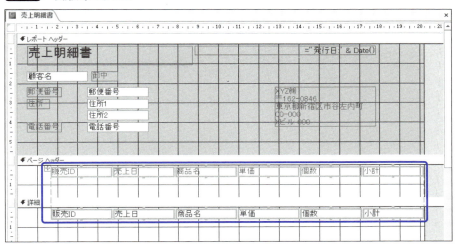

左上の⊞をドラッグするとフィールドをまとめて移動することができるので、位置とセクション領域を変更しましょう（**図70**）。フィールドリストは、もう非表示にして構いません。

図70 位置と領域を変更

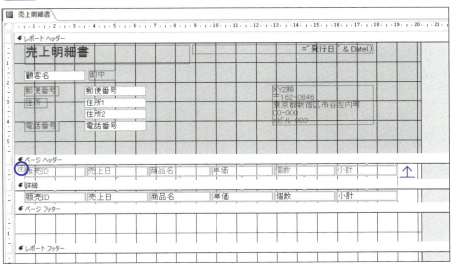

また、作業しているうちに領域の横幅が自動で広がってしまいます。いずれかのセクションの右端にポインタを合わせて（**図71**）、左右へドラッグすることで横幅を変更することができます。

図71 横幅の変更

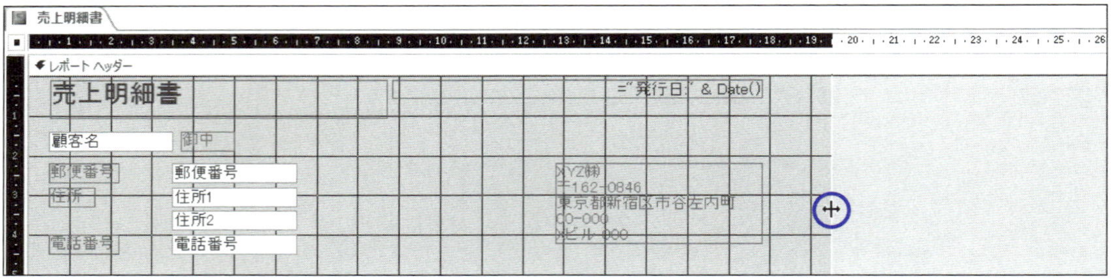

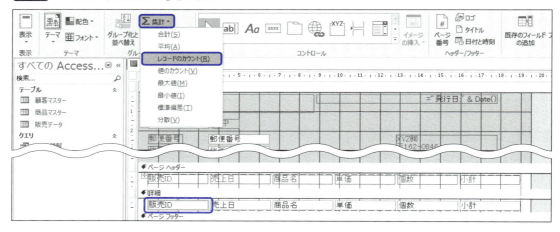

次に、レコードの件数と合計金額を表示しましょう。「詳細」セクションの「販売ID」を選択し、「デザイン」タブの「集計」の「レコードのカウント」をクリックします（図72）。

図72 「レコードのカウント」をクリック

レポートフッターにレコードの件数を出力するテキストボックスが表示されました。「=Count(*)」を「=Count(*)&"件"」と修正して、「件」という文字も出力されるように修正します（図73）。

図73 レコード数に文字を追記

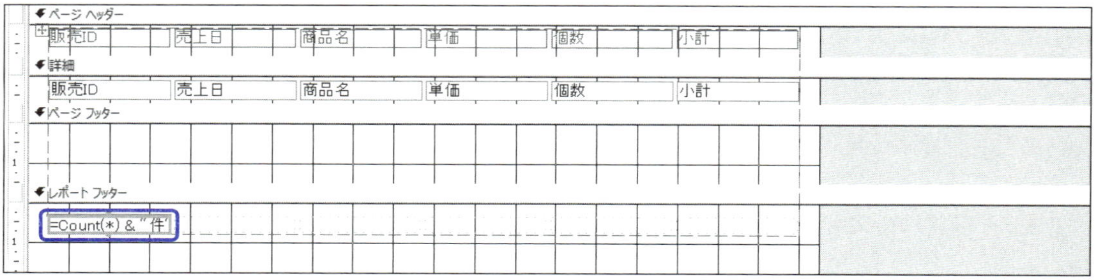

次に「詳細」セクションの「小計」を選択し、「デザイン」タブの「集計」の「合計」をクリックします（図74）。

図74 合計金額を設定

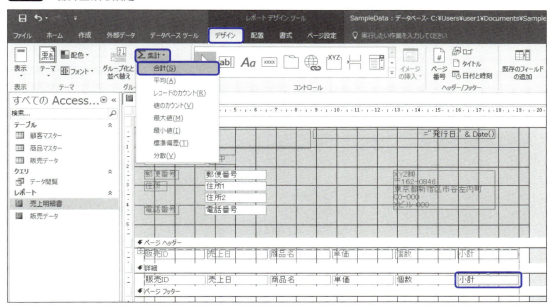

今度は合計金額の計算式が挿入されました（図75）。なお、**5-3-3**（P.212）で解説しましたが、レポートフッターはデザインビューでは一番下にありますが、ほかのビューでは詳細の直下に出力されるということにご注意ください。

図75 合計金額の計算式が挿入された

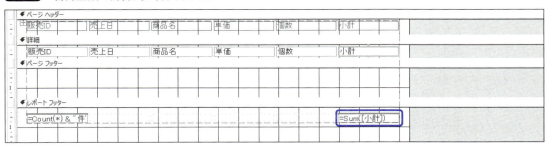

さらに、合計金額が「=Sum（[小計]）」で得られることを利用して、税込金額を表示してみましょう。リボンのコントロールの「テキストボックス」を選択し、レポートヘッダーの任意の場所へドラッグします（図76）。

CHAPTER 5　レポート　帳票出力と印刷

図76　テキストボックスを挿入

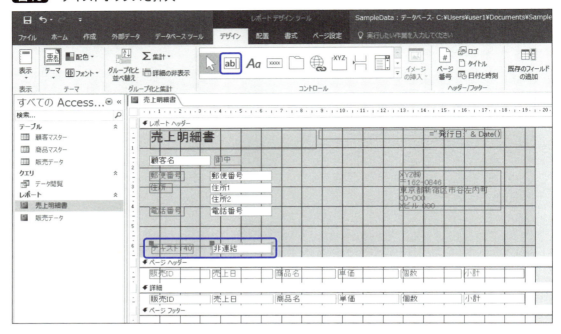

「非連結」と書かれたテキストボックスができました。これは、どのフィールドともつながっていない、独立しているテキストボックスという意味です。ここへ「=Sum（[小計]）*1.08」と書くことで、税込金額を出力することができます（図77）。

図77　税込み金額を算出

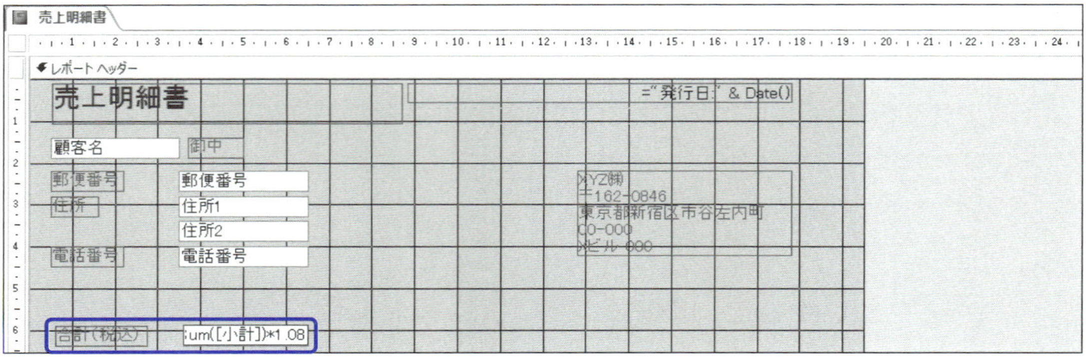

さらに「下記のとおり、ご請求申し上げます。」というラベルも追加して、より「売上明細書」らしく、図78のようにしてみましょう。

5-4 売上明細書を印刷する～クエリを使ってレポート作成

図78 ラベルを追加

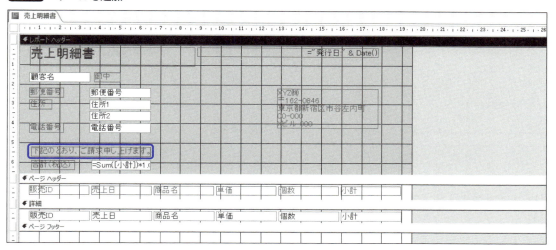

最後に、ページ数を挿入します。「デザイン」タブの「ページ番号」をクリックすると（**図79**）、挿入用のウィンドウが現れます。ここでは、**図80**のように設定して「OK」をクリックします。

図79 「ページ番号」をクリック

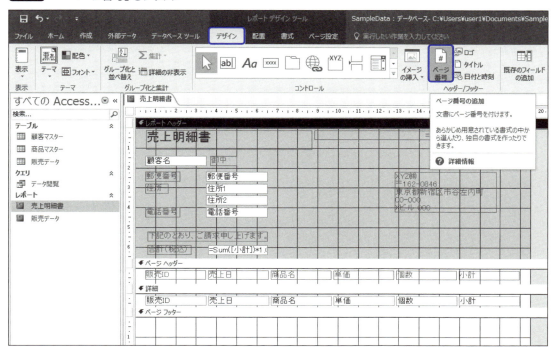

図80 「ページ番号」のウィンドウ

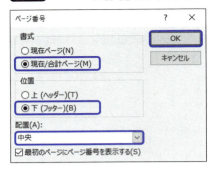

すると、ページフッターのセクションにページ数を出力するテキストボックスが現れました（図81）。

図81 ページ数のテキストボックス

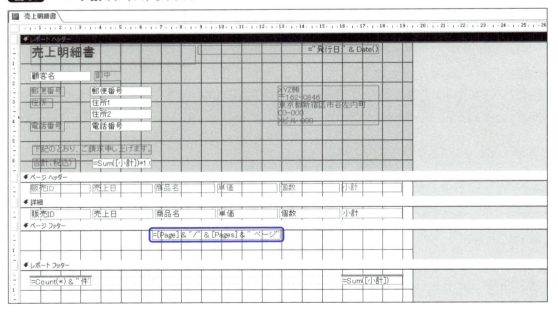

これで、必要な情報を全部配置することができました。セクションの不要な領域などを詰めたり、コントロールの位置をかんたんに整えたりしておきましょう（図82）。

5-4 売上明細書を印刷する～クエリを使ってレポート作成

図82 デザインビュー上で整える

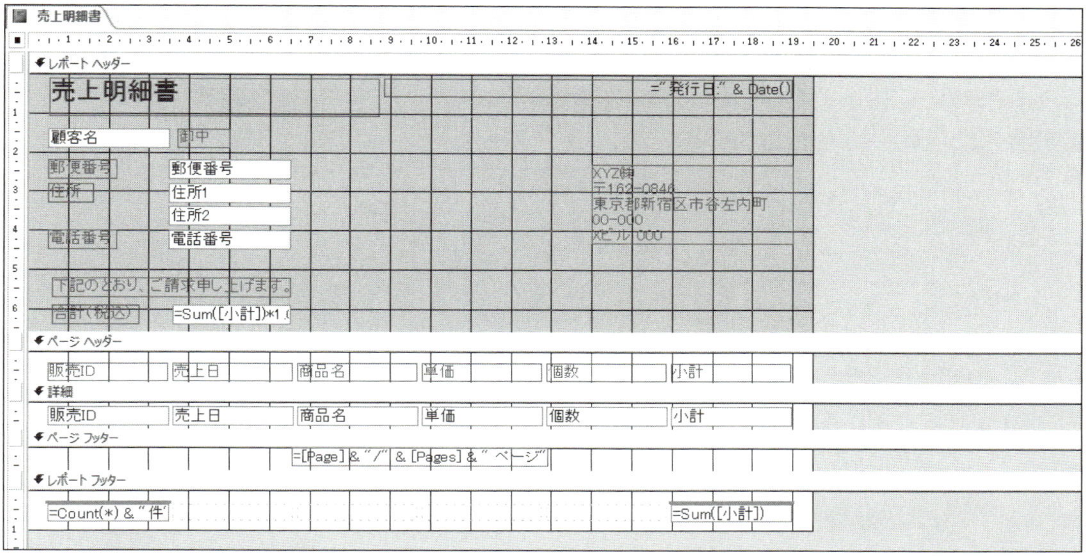

5-4-4 レイアウトビューで整える

印刷プレビューに切り替えて、表示を確認してみます。おおむね完成形のイメージ（**図47**）に近いですが、**図83**のように細かい部分を修正していきましょう。

図83 印刷プレビューに切り替える

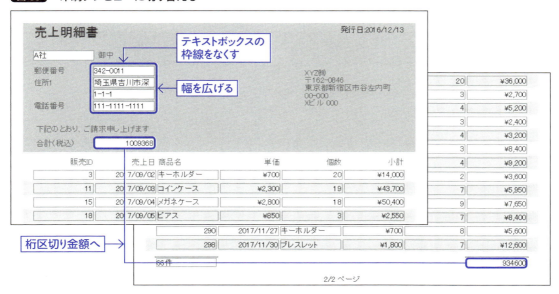

レイアウトビューに切り替え、まずは「住所」の枠を広げます。該当のコントロールだけ広げてもよいですが、近くにあるグループは幅をそろえたほうが見栄えがよいので、Shiftキーを押しながら「郵便番号」から「電話番号」までを選択し、幅を広げます（図84）。

図84 コントロールの幅を広げる

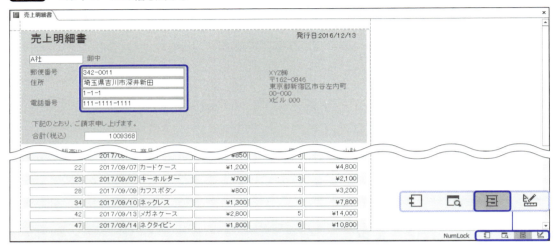

続いて、金額が表示されているテキストボックスの書式を変更します。「合計金額」と「税込金額」のテキストボックスを選択し、「書式」タブの「通貨の形式を適用」をクリックします（図85）。なお、このリボンでフォントの種類、色、大きさなどを設定することができます。

図85 書式を変更する

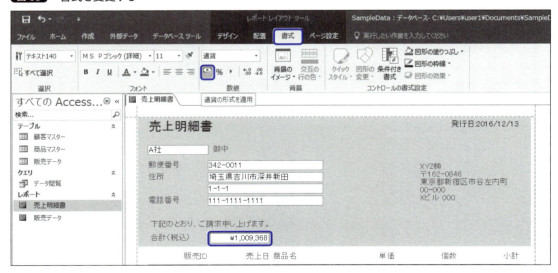

レポートヘッダーにあるテキストボックスの枠線を非表示にします。該当のコントロールを Shift キーを押しながらすべて選択し、「書式」タブの「図形の枠線」を「透明」をクリックします（図86）。

図86　枠線を透明にする

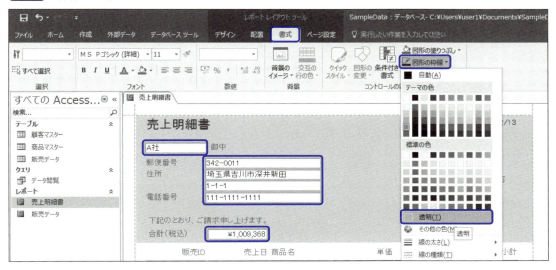

もう一度印刷プレビューに切り替えて、表示を確認します。問題がなければ、これでレイアウトは完成です（図87）。

図87　印刷プレビューで再度確認

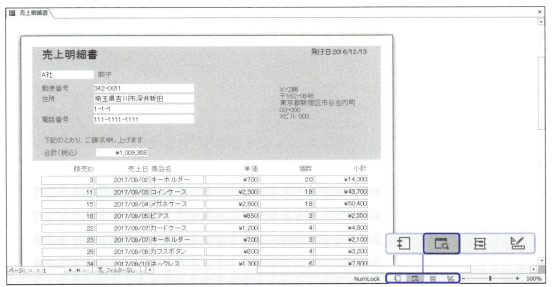

5-4-5 パラメータークエリで宛先を変更する

レポートのレイアウトは完成しましたが、現在のレコードソースは顧客名が「A社」で指定されています。ほかの会社にしたい場合は、プロパティシートを表示し、「レポート」を選択し、レコードソースから再度クエリビルダーを起動し（図88）、「抽出条件」欄を変更して上書き保存します（図89）。

図88 クエリビルダーの起動

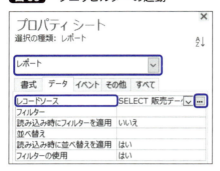

図89 抽出条件の変更

しかし、毎回クエリを書き換えるのはちょっと面倒ですね。3-7（P.103）で解説したパラメータークエリが、このレコードソースでも使えるので、図90のように設定してみましょう。

図90 パラメータークエリの設定

こうしておくことで、レポートの起動時に図91のように社名を入力する画面が表示されるので、そのつど違った結果が得られます（図92）。なお、パラメータークエリはデザインビュー上では反映されません。

5-4 売上明細書を印刷する〜クエリを使ってレポート作成

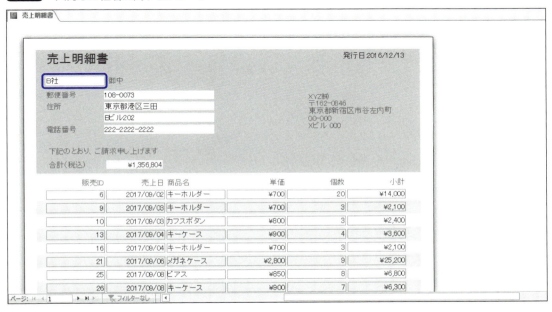

図91 パラメータークエリの実行

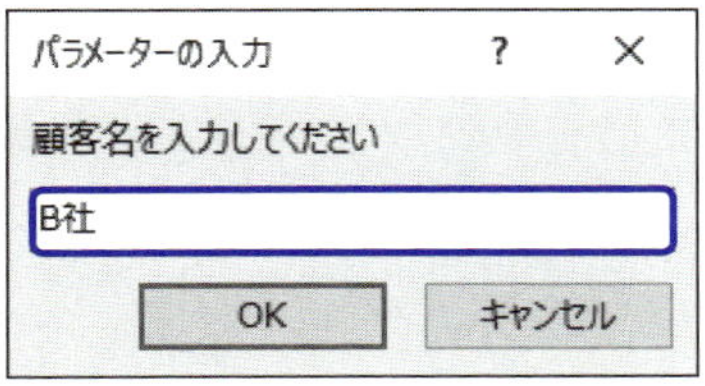

図92 入力した社名に関するレポート

5-4-6 対象期間を設定する

　現在のレポートは会社別に出力することはできますが、さらに現実的に考えるなら期間を指定したいところです。レポートビューで任意の「売上日」フィールドで右クリックし、「日付フィルター」の「指定の範囲内」をクリックすると（**図93**）、指定した期間で絞り込むことができます（**図94**）。

CHAPTER 5 レポート　帳票出力と印刷

図93　日付フィルター

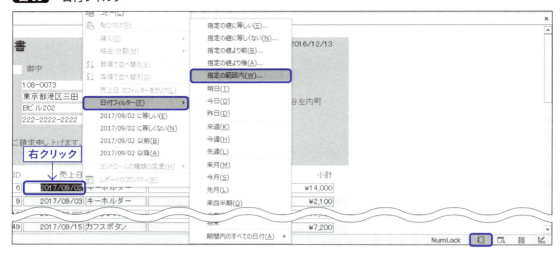

図94　「日付の範囲」のウィンドウ

日付の範囲	? ×
開始日:	2017/10/01
終了日:	2017/10/31

絞り込んだ結果が**図95**です。フィルターの解除は、リボンの「フィルターの実行」（実行中はグレーになっています）をクリックします。

図95　フィルターの実行結果

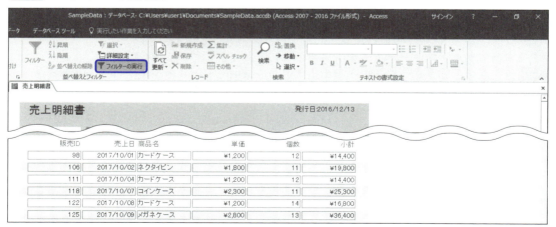

このようにフィルターで絞り込むこともできますが、期間の設定もパラメータークエリで行うようにすると、もっと便利なレポートになります。

クエリビルダーを起動し、「売上日」フィールドの「抽出条件」欄に「Between［開始日］And［終了日］」と書いて（図96）、上書き保存したあと「閉じる」をクリックします。

図96　「売上日」の条件をパラメーターに変更

デザインビュー上で「デザイン」タブのコントロール「テキストボックス」を選択し、レポートヘッダーの任意の場所でドラッグします。図97のように、ラベルへ「対象期間」、テキストボックスへ「=［開始日］&"～"&［終了日］」と書いておきます。ほかのコントロールに合わせて、枠線も透明にしておきましょう。

図97　対象期間を出力するテキストボックス

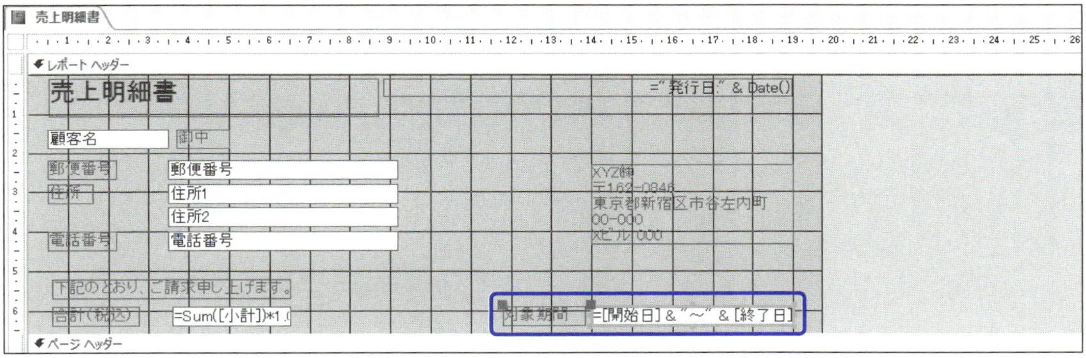

デザインビュー以外の表示に切り替えると、3つのパラメーターの入力画面が順番に表示されます。

図98　「開始日」の入力

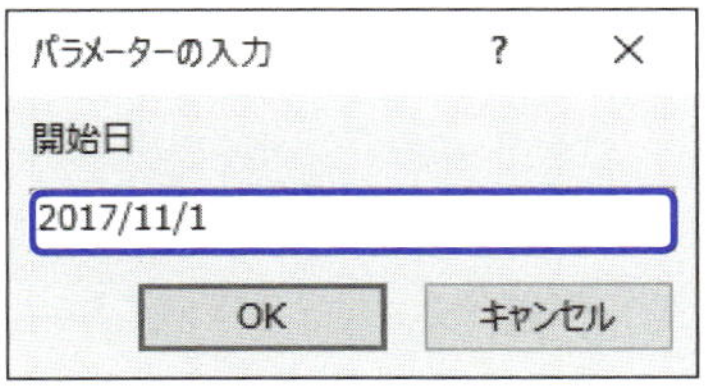

CHAPTER 5 レポート 帳票出力と印刷

図99 「終了日」の入力

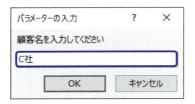

図100 「顧客名」の入力

パラメーターに入力された条件に絞り込まれたレコードで、レポートを作成できました（図101）。

図101 パラメーターで条件を付けたレポート

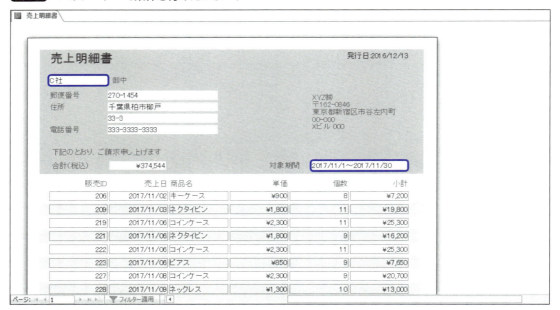

CHAPTER 6

フォーム
オリジナルの操作画面の利用

CHAPTER 6

専用ユーザーインターフェースの作成
～ユーザーの作業範囲を明確にしてリスクを低減

データの入力や出力などの操作を、より便利に行えるようにするフォーム機能を解説します。フォームは、Accessファイルを使って実際にデータベース運用をしていくときに、とても頼りになる存在です。

6-1-1 フォーム

　ここまで学んできたテーブル・クエリ・レポートを扱うことができれば、Accessでデータベース運用をしていくことは可能です。しかし、Accessでの管理を望んでいる人全員が、ここまでの知識を習得しなければならないとなると、なかなか大変です。したがって、Accessでシステムを作成して、全体的な保守を行う「管理者」と、現場で必要な操作をする「ユーザー（使用者）」で、作業内容を分けて運用していくのが一般的な運用方法です。

図1 管理者とユーザー

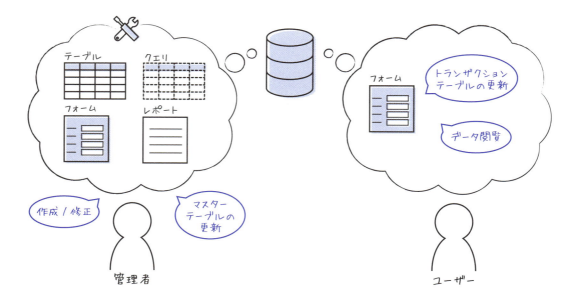

データベースの運用では、フォームを使ったメニュー画面やデータ入力画面によって、ユーザーに対して、「作業してほしい範囲」を明確にしたり、データベース操作をかんたんにしたりすることができます。これにより、人為的ミスでデータに損害を与えるリスクが減り、複数人での運用がとても楽になります。

もちろん管理者1人で運用する場合でも、フォームは非常に便利です。

6-1-2 フォームで使うコントロール

コントロールはレポートを作成する際にも利用しましたが、レポートでは基本的に「表示」にしか使いませんでした。フォームでは、コントロールを使って「選択」「入力」「処理」などの操作も行うので、コントロールをより活用していきます。テキストボックスに値を直接入力できたり、コマンドボタンを使って処理のきっかけとすることができたり、利用できる範囲がぐっと広くなります。

図2 フォーム上のコントロール

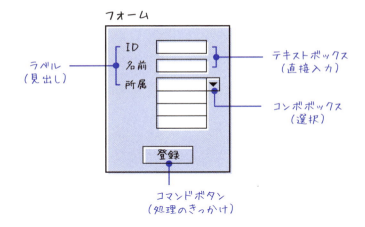

6-1-3 連結と非連結

5-4-3 (P.240) でも少しふれましたが、テーブルのフィールドとつながっていない、独立したコントロールのことを非連結コントロールと呼びます。その逆で、テーブルのフィールドとつながっているコントロールのことを連結コントロールと呼びます。

たとえばフォーム上でのテキストボックスが連結コントロールだった場合、その内容を変更すると、テーブルの情報も連動して書き換わります。テーブルを開かなくてもデータの入力・更新・削除の操作ができるので、Accessに詳しくないユーザーでもデータベースの操作を行うことができます。

CHAPTER 6 フォーム　オリジナルの操作画面の利用

　非連結コントロールは、クエリの条件の一部にするなど、「その値を使ってなにかに働きかける」といった補助的な役割で使われます。

図3　連結コントロールと非連結コントロール

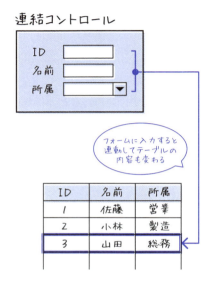
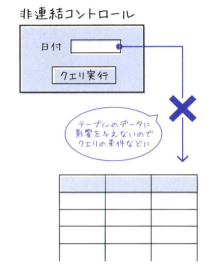

CHAPTER 6

6-2 フォームで使う3つのビュー
～それぞれの特徴と役割

今まで学習してきた、テーブルやクエリ、レポートなどでもそれぞれビュー形式がありました。フォームには3つのビュー形式があります。実際にフォームを作成する前に、まずはフォームのビューを理解しておきましょう。

6-2-1 デザインビュー

全体的なフォームの構造、コントロールの配置などを行うときに使うビュー形式です。ただし、実際のデータを表示しながら、編集することができません。

図4 デザインビュー

6-2-2 レイアウトビュー

実際のデータを表示しながら、編集できるビュー形式です。デザインビューのように構造的な編集はできませんが、実際にどんなデータが入るのかを見ながら、位置やサイズ、書式の微調整をすることができるので便利なビューです。

図5 レイアウトビュー

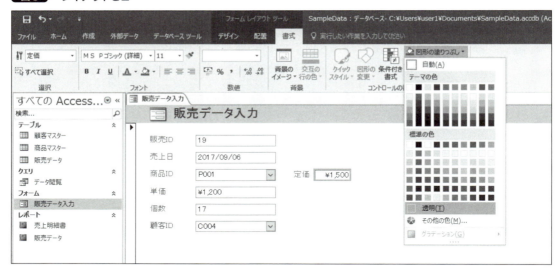

6-2-3 フォームビュー

フォームを実行するときのビューです。コントロールに入力したり、コマンドボタンを押して処理を起動したりすることができます。複数人で運用するとき、ユーザーに使ってもらうのは、このビューです。

図6 フォームビュー

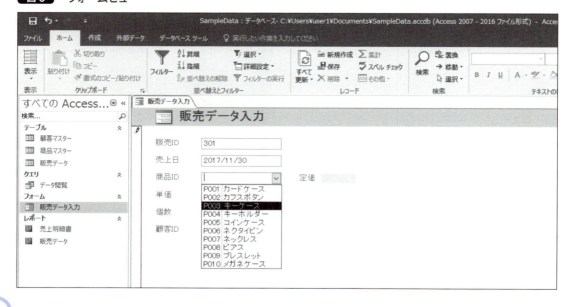

CHAPTER 6

入力フォーム
～テーブルと連結したフォーム

複数人数で運用すると仮定すると、ユーザーに入力してほしいのはトランザクションテーブルである「販売データ」です。「販売データ」テーブルと連結した、データの入力画面となるフォームを作成してみましょう。

6-3-1 テーブルの入力フォームを作成する

入力したい「販売データ」テーブルを選択して、「作成」タブの「フォーム」をクリックします（図7）。

図7 入力フォームを作成する

すると、たったこれだけの操作でもう入力フォームはおおむね完成してしまいます（図8）。コントロール幅など、ちょっと気になる部分を修正していきましょう。

図8 入力フォームができた

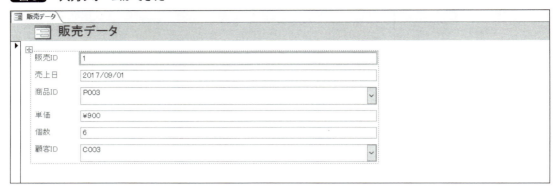

まずは名前を付けましょう。このフォームはまだ保存されていないのでナビゲーションウィンドウには表示されていませんが、暫定的に元となっているテーブルと同じ「販売データ」という名前になっています。これを上書き保存して（**図9**）、「販売データ入力」というフォーム名にします（**図10**）。

図9 「上書き保存」をクリック

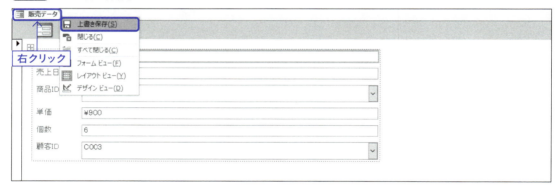

図10 フォームに名前を付ける

作成中のフォームが保存されて、ナビゲーションウィンドウに表示されました。現在はレイアウトビューなので、このままフォームのタイトルも合わせて変更しましょう（**図11**）。もちろん、デザインビューでも変更は可能です。

図11 フォームのタイトルを変更

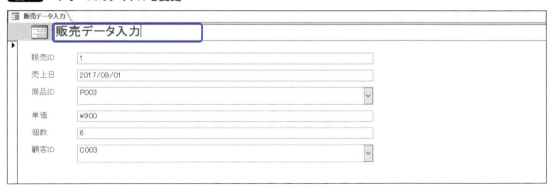

コントロールの幅の修正を行います。修正したいコントロールを Shift キーを押しながらすべて選択し、幅を狭めます（**図12**）。

図12 コントロールの幅の変更

コンボボックスになっている「商品ID」と「顧客ID」が、ほかのコントロールに比べて高さが広いですね。ここも修正します（**図13**）。

図13 コンボボックスの高さを変更

CHAPTER 6 フォーム オリジナルの操作画面の利用

これで「販売データ」テーブルへの入力画面を作成することができました。

このままでも使えますが、もうひと手間かけてみましょう。このシステムではデータを入力するたびに単価を入力する仕様ですが、このままではアイテムごとの適切な単価を暗記していないと、入力するのが難しいですね。そこで、フォーム上の「単価」の隣に、参考値として「定価」を表示してみるのはどうでしょうか？

デザインビューに切り替えて、「デザイン」タブの「既存のフィールドの追加」をクリックして、「フィールドリスト」を表示します。ここには、フォームの元となった「販売データ」テーブルに存在するフィールドしか候補に挙がっていません。ここで、「すべてのテーブルを表示する」をクリックします（図14）。

図14 デザインビューでフィールドリストを表示

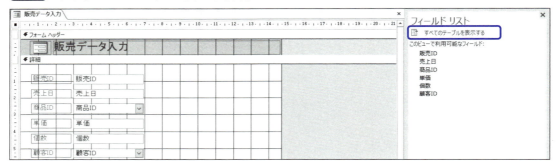

すると、リレーションシップが設定してあるほかのテーブルのフィールドも利用できるようになりました。この中から「商品マスター」テーブルを開いて、「定価」をフォーム上へドラッグします（図15）。

図15 「定価」をドラッグ

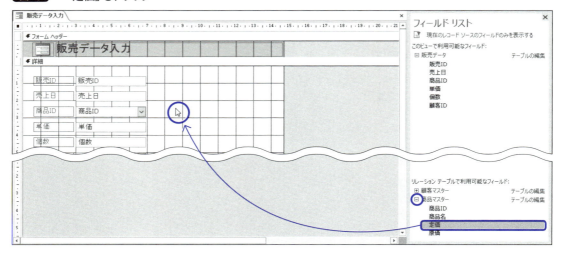

ドラッグするとラベルとテキストボックスが追加されるので位置を整えます。なお、同時に表示されたラベルとテキストボックスですが、それぞれを選択したときに表示される左上のグレーの■をドラッグすると、独立して動かすことができます（**図16**）。

図16 ドラッグしたフィールドの位置を調整

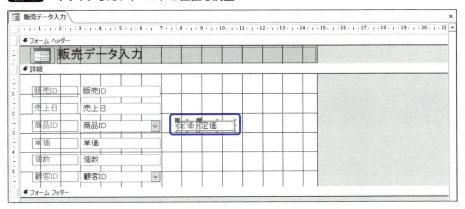

これで選択した「商品ID」に関連した「定価」を表示することができましたが、このままではいけません。このコントロールはテーブルと連結しているので、この「定価」をフォーム上で変更されると、マスターデータが書き換わってしまいます。それを防止するためには、このコントロールを編集不可の状態にしておかなければなりません。

フォーム上の「定価」を選択した状態で「デザイン」タブの「プロパティシート」をクリックし、「データ」タブの「編集ロック」を「はい」へ変更します（**図17**）。

図17 編集をロックする

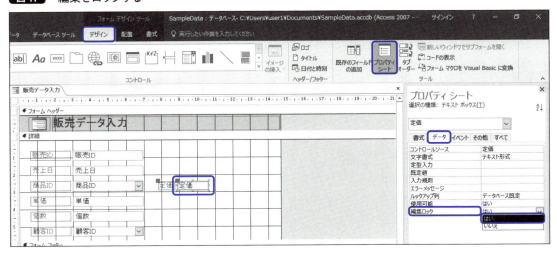

これで、この「定価」テキストボックスは中身を編集することはできなくなりました。さらにユーザーのことを考えるなら、見た目も変更しておくと親切です。テキストボックスのデザインはいかにも「入力可能」「書き換え可能」なように見えるので、実際には編集不可であったとしても、ユーザーが疑問を感じてしまうかもしれません。

レイアウトビューに切り替え、見た目を変更します。フォーム上の「定価」を選択して、「書式」タブで「図形の枠線」を「透明」にし、文字色をグレーに、背景色も薄いグレーにしてみましょう（図18）。

図18 コントロールの書式を変更

書式を変更すると、図19のようになりました。「テキストボックス」っぽさはなくなりましたね。操作できないコントロールを、一目で「これは操作できないんだな」とユーザーに思わせる色や形にしておくことは、システムを作成する際に大切なことです。

図19 書式を変更した結果

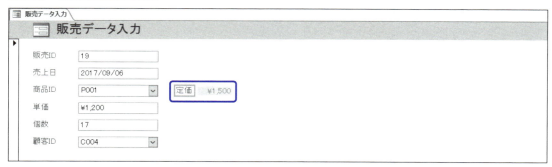

もう1つ直しておきたいところがあります。図19では、レコードが1件目なのに「販売ID」が「1」ではありません。これは、「定価」のテキストボックスを追加したときに、レコードの並び順が変わってしまったからなのです。レコードの並び順というのは任意なので、ちょっとした変更で並び順が変わってしまうのはよくあることです。必要であれば、並び順を明確に指定しなければなりません。

並び順はレコードソースで指定します。「デザイン」タブからプロパティシートを表示、「フォーム」が選択されている状態で「データ」タブの「レコードソース」の … をクリックし（図20）、クエリビルダーを起動します（図21）。

図20 レコードソースのクエリビルダーを起動

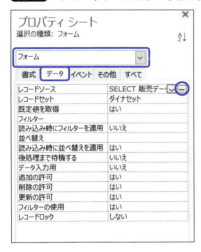

図21 「販売データ入力」フォームのクエリビルダー

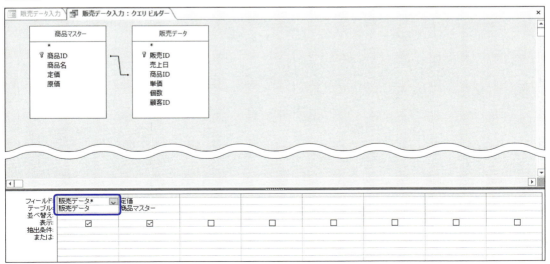

CHAPTER 6 フォーム　オリジナルの操作画面の利用

現在は「販売データ.*」となっていて、「販売データ」テーブルのすべてのフィールドと指定されています。これでは、個別のフィールドを使って並べ替えすることができません。一度削除してフィールドを設定し直してから、並び順を指定します（図22）。「販売ID」ではなく「売上日」を昇順にしても構いません。変更したら、上書き保存してリボンの「閉じる」をクリックします。

図22　レコードソースの並び順を指定

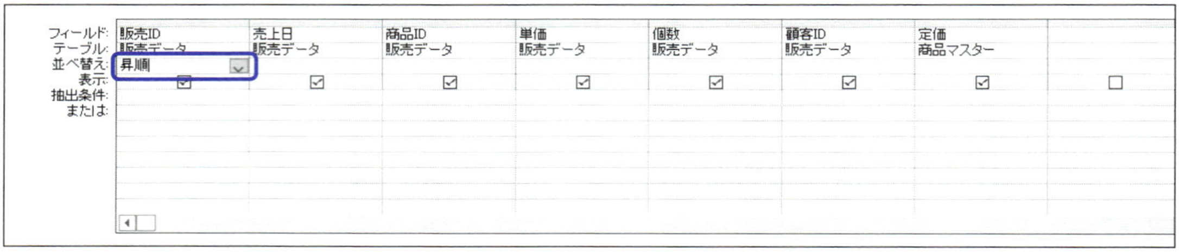

これで、「販売データ入力」フォームが作成できました。

6-3-2　入力フォームの操作方法

作成したフォームで、データの入力を行ってみましょう。フォームビューへ切り替えます。レコードはボタンクリックで移動することができ、新規データを入力するレコードもボタンをクリックすることで表示することができます。「ホーム」タブの「新規作成」からも、新しいレコードを表示することができます（図23）。

図23　フォームビューに切り替え

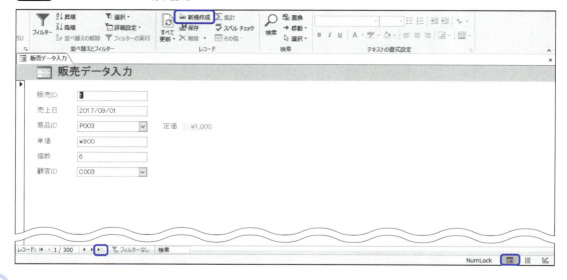

「販売ID」はオートナンバー型なので、ほかのフィールドが入力されたときに自動で値が入ります。売上日は日付型なので、カレンダーで選択することができます（図24）。

図24 日付型はカレンダーで選択できる

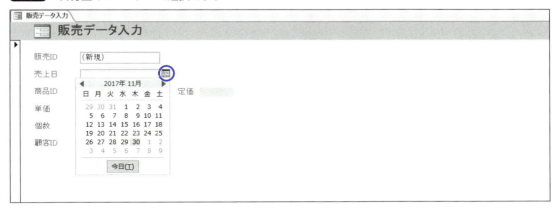

「商品ID」は4-6（P.192）で設定したルックアップが適用されるので、選択すると図25のようにマスターテーブルの情報を参照することができます。「顧客ID」も同様です。フォームはテーブル設計に忠実に作られるので、テーブルを適切に作成しておかなければ、最適なフォームを作成することはできません。

図25 ルックアップが設定してあるフィールド

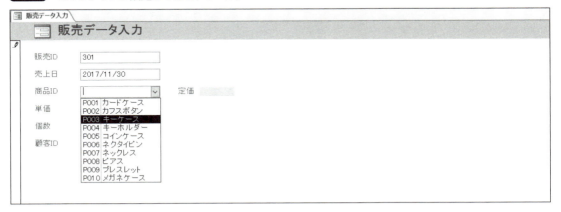

データの入力中、フォームの左上には「編集中」を表す鉛筆マークが表示されます（図26）。鉛筆マークが表示されている間はレコードが確定していません。この状態のときに「元に戻す」アイコンをクリックする（または Esc キーを押す）と、変更前の状態に戻すことができます。

図26 レコードが編集中のときは鉛筆マークが表示

変更を加えたレコードを保存する場合は、「ホーム」タブの「保存」をクリックするか、ほかのレコードへ移動すると、鉛筆マークが消えてレコードが確定します（図27）。なお、レコードの追加だけでなく、既存レコードへの更新も操作は同じです。

図27 レコードを保存する

6-3 入力フォーム〜テーブルと連結したフォーム

　レコードを削除するときは、左上の三角のマークをクリックしてレコード自体を選択し、「削除」をクリックするか（図28）、Delete キーを押します。

図28　レコードを削除する

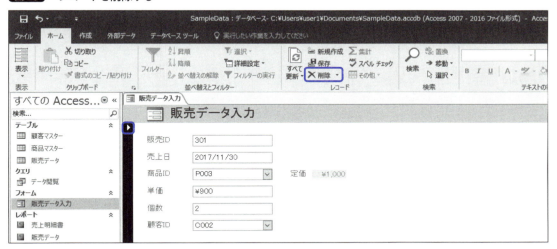

　すると図29のメッセージが表示されるので、「はい」をクリックすることで、レコードの削除が完了します。

図29　削除の注意メッセージ

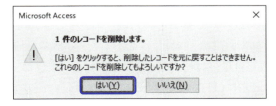

CHAPTER 6

メニューフォーム
～空白のフォームから作成

次は、フォームでメニューの画面を作って、6-3で作成したデータの入力画面を呼び出してみましょう。いろんな機能の呼び出しを1つのフォームに集約すれば、それがユーザーにとっての玄関口となります。

6-4-1 空白のフォームを作成する

「作成」タブの「空白のフォーム」をクリックします(図30)。新規フォームがレイアウトビューで開きます。まずはこのフォームを上書き保存して(図31)、「メニュー」という名前で保存しましょう(図32)。これが「メニュー画面」の土台となります。

図30 「空白のフォーム」をクリック

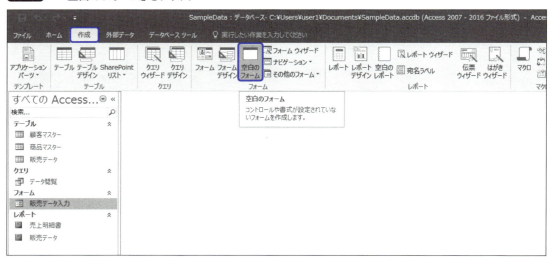

6-4 メニューフォーム〜空白のフォームから作成

図31 「上書き保存」をクリック

図32 名前を付ける

6-4-2 コマンドボタンで入力フォームを起動させる

「メニュー」フォームに「販売データ入力」フォームを起動させるコマンドボタンを配置します。
「デザイン」タブのコントロールから「ボタン」を選択してフォーム上の任意の場所でクリックすると（図33）、コマンドボタンが作成されて「コマンドボタンウィザード」が開きます（図34）。

図33 コマンドボタンを配置

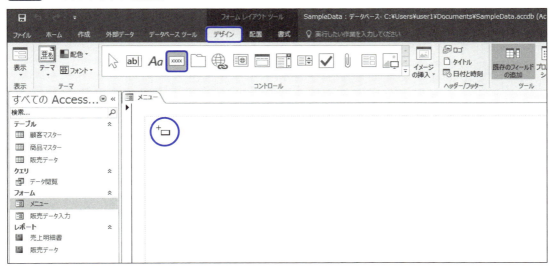

図34 ウィザードが開く

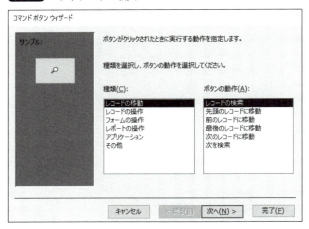

「コマンドボタンウィザード」では、コマンドボタンをクリックしたときにどんな動作をするのかを設定することができます。目的は「販売データ入力」フォームを開くことなので、「種類」に「フォームの操作」、「ボタンの動作」に「フォームを開く」を選択して「次へ」をクリックします（図35）。

図35 動作の設定

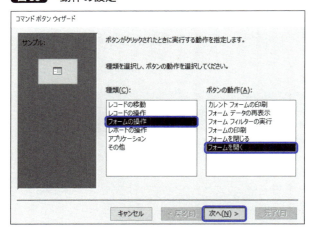

次の画面（図36）では、開くフォームに「販売データ入力」を選択して「次へ」をクリックします。続いて、「すべてのレコードを表示する」を選択し、「次へ」をクリックします（図37）。

図36　開くフォームの選択

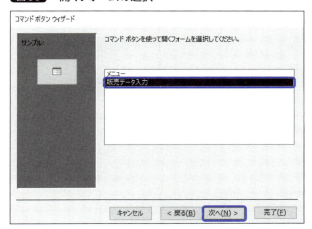

図37　レコードの選択

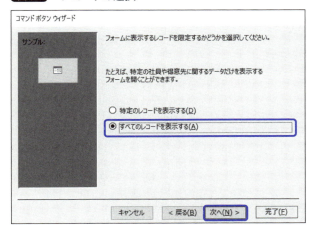

　次の画面（**図38**）では、コマンドボタンに表示する内容を設定します。「ピクチャ」を選択してコマンドボタンにアイコンを表示することもできますが、コマンドボタンを複数配置することを考えて、区別しやすいようにここでは「販売データ入力」という「文字列」を設定します。

　続いて、システム上で扱うコマンドボタンの名前を設定します。ここも、わかりやすいよう「販売データ入力」という同じ名前にしておきましょう（**図39**）。これで、「完了」をクリックします。これで「販売データ入力」フォームを開くコマンドボタンが作成できました（**図40**）。

図38 コマンドボタンに文字列を設定

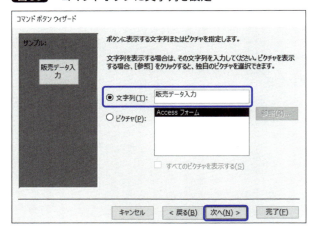

図39 システム上のコマンドボタン名を設定

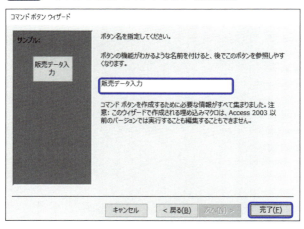

図40 コマンドボタンが作成された

　フォームビューへ切り替えて、コマンドボタンをクリックしてみると（**図41**）、「販売データ入力」フォームが開きます（**図42**）。フォームビューで開くので、すぐに入力作業することができます。

6-4 メニューフォーム〜空白のフォームから作成

図41 フォームビューでコマンドボタンをクリック

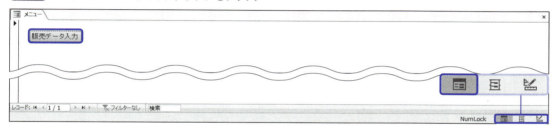

図42 「販売データ入力」フォームが開いた

ここでいったんユーザーの目的を考えてみましょう。「販売データ入力」を開くユーザーは、レコードの新規入力作業をすることが主な目的ではないでしょうか？ しかし、現状では1件目のレコードが表示された状態で開くため、新たに入力するには毎回新規レコードに移動しなければなりません。ちょっと面倒じゃないでしょうか？ 「販売データ入力」フォームが開いたときに、「自動で新規レコードに移動」したら、使いやすいと思いませんか？

マクロという機能を使って、動作をコマンドボタンに登録することができるので、「自動で新規レコードに移動」を実現してみましょう。マクロは簡易的なプログラムを作成することができる機能で、プログラミング言語を知らなくても、Accessを自動で操作する命令を作成することができます。

「メニュー」フォームをレイアウトビューに切り替え、右クリックから「イベントのビルド」を選択します（**図43**）。

図43 「イベントのビルド」をクリック

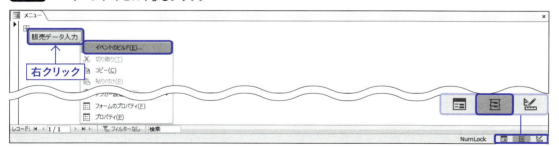

すると、図44のような「マクロツール」という画面になりました。タブに「メニュー：販売データ入力：クリック時」と表示されています。これは、「メニュー」フォームの「販売データ入力」（図39で設定したシステム上の名前）をクリックした時に動作する「マクロ」機能という意味です。

図44 マクロツール

マクロツールでは、太字になっている部分が動作（アクション）の1単位で、その下に書かれていることが、その動作の詳細です。

画面を見てみると、「フォームを開く」という動作がすでに登録されています。先ほどの「コマンドボタンウィザード」では、実はマクロの登録を行っていたんです。ウィザードでマクロを登録すると、日本語がChrW()という関数で表示されてしまうのですが、図44で表示されているのは「販売データ入力」というフォーム名のことです。このままでも動作しますが、一度英字の部分を削除して、そのあと入力欄の右端の ▼ をクリックすれば日本語表記で登録し直せます（図45）。

図45 フォーム名の再設定

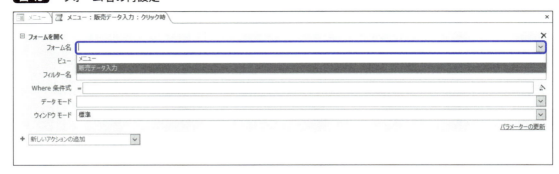

ここへ「新規レコードに移動する」というアクションを追加します。「新しいアクションの追加」の ▼ をクリックします（図46）。表示されたリストの中から「レコードの移動」を選びます（図47）。

6-4　メニューフォーム～空白のフォームから作成

図46　「新しいアクションの追加」の ✓ をクリック

図47　「レコードの移動」を選択

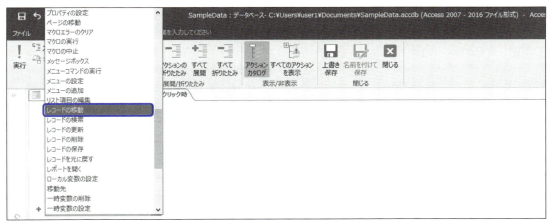

すると、**図48**のように「レコードの移動」というアクションが追加されました。「レコード」の ✓ をクリックして、「新しいレコード」を選択します（**図49**）。

図48　アクションを追加する

CHAPTER 6 フォーム オリジナルの操作画面の利用

図49 「新しいレコード」を選択

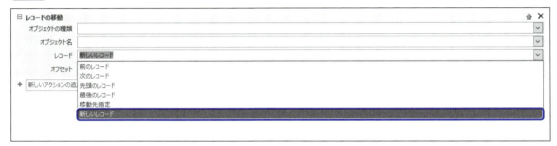

これで、「メニュー」フォーム上の「販売データ入力」をクリックされたときに、「フォームを開く」「レコードの移動」のアクションを順番に行うマクロが完成しました。「上書き保存」をクリックし、「閉じる」をクリックしてマクロツールを終了します（図50）。

図50 マクロツールの終了

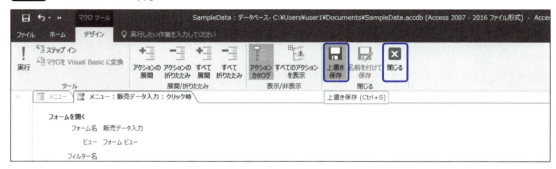

それでは動作確認してみましょう。「メニュー」フォームをフォームビューに切り替え、「販売データ入力」をクリックします（図51）。マクロで設定したとおり、「販売データ入力」フォームが開き、自動で新規レコードへ移動することができました（図52）。

図51 「メニュー」フォームでコマンドボタンをクリック

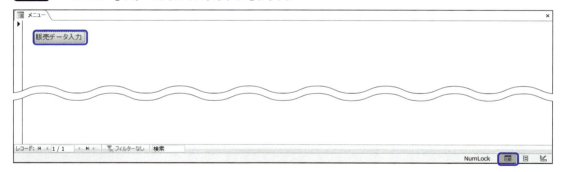

図52 フォームが開き、新規レコードに移動した

6-4-3 AutoExecを設定する

　一般的に「コマンドボタンをクリックしたとき」「テキストボックスの内容を変更したとき」など、コントロールに変化が起こったときを「きっかけ」にして、マクロで起動させることが多いです。しかし、マクロを「AutoExec」という名前で独立して保存すると、「accdbファイルを起動したとき」をきっかけに起動させる、ということができます。

　この特徴を利用して、Accessのファイル起動時に「メニュー」フォームを自動的に開くように登録しておけば、ユーザーにとってはさらに便利になります。実際にやってみましょう。

　「作成」タブの「マクロ」をクリックします（図53）。

図53 「マクロ」をクリック

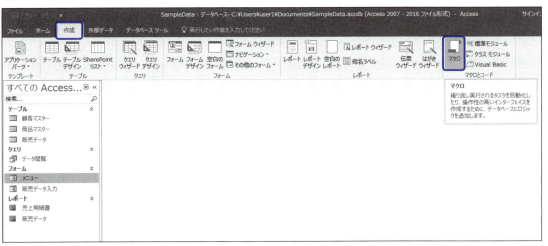

CHAPTER 6 フォーム オリジナルの操作画面の利用

画面が切り替わるので、「新しいアクションの追加」で「フォームを開く」を選びます（図54）。ここから、「メニュー画面」を開くマクロを作成していきます。

図54 「フォームを開く」アクションを追加

追加された「フォームを開く」アクションの「フォーム名」の右端の ✓ をクリックして、「メニュー」を選択し、「上書き保存」アイコンをクリックします（図55）。マクロ名を「AutoExec」として「OK」をクリックします（図56）。

図55 「メニュー」フォームを選択

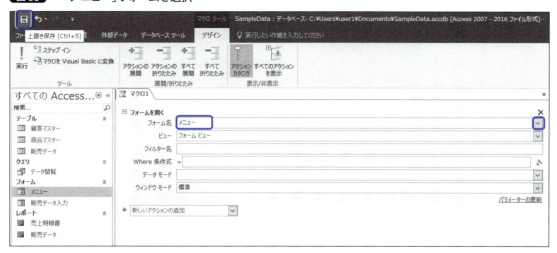

図56 「AutoExec」という名前を付ける

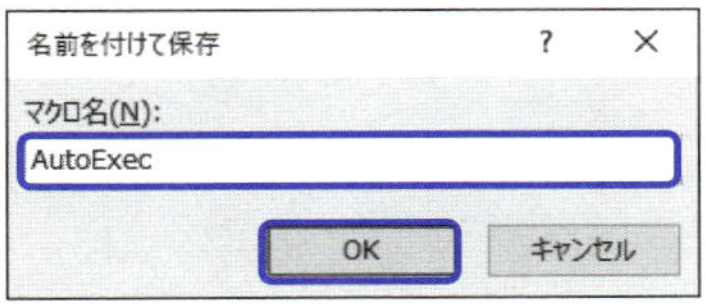

マクロが保存され、ナビゲーションウィンドウに「AutoExec」というマクロオブジェクトが作成されました（図57）。これで設定は終了です。

図57 マクロオブジェクトが作成された

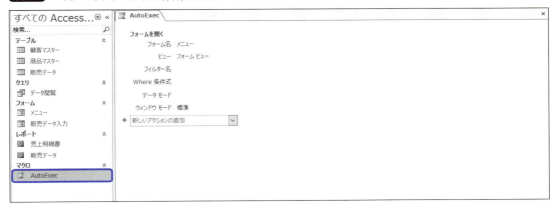

一度SampleData.accdbを閉じて、もう一度起動させると、自動で「メニュー」フォームが開くようになります（図58）。

図58 ファイル起動時に「メニュー」フォームが開くようになった

CHAPTER 6

フォームにクエリを埋め込む
～売上合計を表示させる

フォームの中にフォームを埋め込むサブフォームという機能を利用して、「メニュー」フォームの中に、商品の売上一覧のクエリを表示します。

6-5-1 埋め込みたいクエリを作成する

まずは、フォームでどんな情報を見たいのかを考えます。例として、商品の売上一覧はどうでしょうか？ 1つの商品に対して、売上の合計個数と合計金額を表示し、さらに合計金額が高い順番に並び替えて表示するクエリを作ってみましょう。

「作成」タブの「クエリデザイン」をクリックして、新規クエリを作成します（図59）。販売と商品の情報だけあればよいので、「テーブルの表示」では「商品マスター」と「販売データ」のテーブルを選択して、「追加」をクリックします（図60）。

図59 「クエリデザイン」をクリック

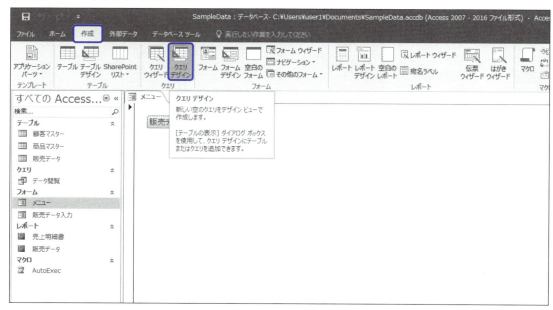

6-5 フォームにクエリを埋め込む～売上合計を表示させる

図60 「商品マスター」テーブルと「販売マスター」テーブルを選択

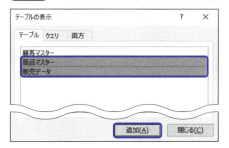

作成したクエリは「アイテム別売上」という名前で保存し、図61のように設定してみましょう。「デザイン」タブの「集計」を利用して「商品名」をグループ化し、「個数」は合計値にします。「単価」と「個数」を乗算した演算フィールドは、グループで合計させるので「売上合計」という名前にし、「集計」を合計値に設定します。

さらに、日付で範囲を指定できるように「Where条件」の欄も作っておきましょう。

図61 「アイテム別売上」クエリの設定

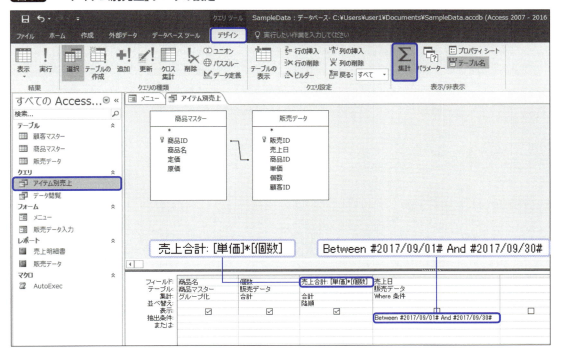

ちなみに、クエリによっては一度閉じてから再度開くと、図62のようにAccessが自動で書き換える場合がありますが、文面が多少違うだけで内容は同じです。

281

CHAPTER 6 フォーム　オリジナルの操作画面の利用

なお、「売上合計」フィールドの「並べ替え」を「降順」に、「売上日」フィールドの「表示」のチェックは外しておきましょう。

図62 Accessによって書き換えられた「アイテム別売上」クエリ

6-5-2 サブフォームにクエリを設定する

フォームの中にフォームを埋め込む、サブフォームを作ります。サブフォームは比較的複雑なコントロールなので、デザインビューから配置するのがおすすめです。

「デザイン」タブの「コントロール」の右下の「その他」をクリックすると（図63）、表示しきれなかったコントロールが表示されるので、「サブフォーム/サブレポート」を選択します（図64）。選択後、「メニュー」フォームのデザインビュー上で、任意の場所でドラッグし、サブフォームを作成します（図65）。

図63 コントロールの「その他」をクリック

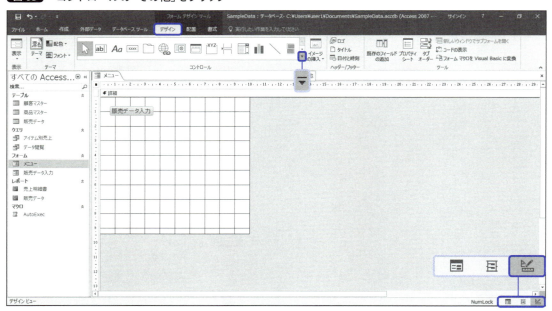

6-5 フォームにクエリを埋め込む〜売上合計を表示させる

図64 「サブフォーム/サブレポート」を選択

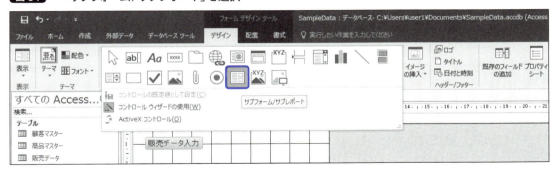

図65 任意の大きさにドラッグ

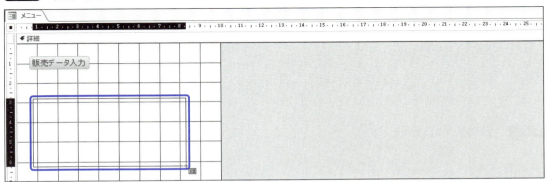

すると、「サブフォームウィザード」が起動します(図66)。既存のクエリを使いたいので、この状態で「次へ」をクリックします。

図66 「サブフォームウィザード」が起動

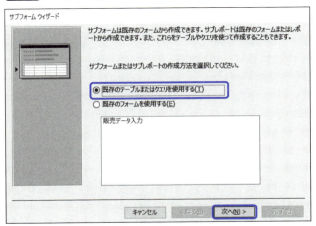

次の画面では、さきほど作った「アイテム別売上」クエリのすべてのフィールドを選択します。 >> をクリックすると一度にすべて選択できます（図67）。名前を「アイテム別売上のサブフォーム」とし、「完了」をクリックします（図68）。

図67 フィールドを選択

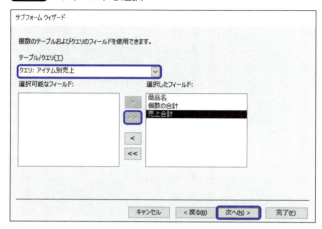

図68 サブフォームの名前を設定

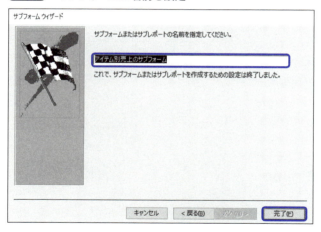

指定した名前のサブフォームが作成され、「メニュー」フォームの中に埋め込まれました（図69）。レイアウトビューに切り替えると、クエリの結果が表示されているのがわかります（図70）。

6-5 フォームにクエリを埋め込む〜売上合計を表示させる

図69 サブフォームが作成された

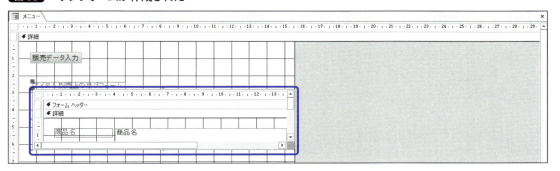

図70 クエリの結果が表示された

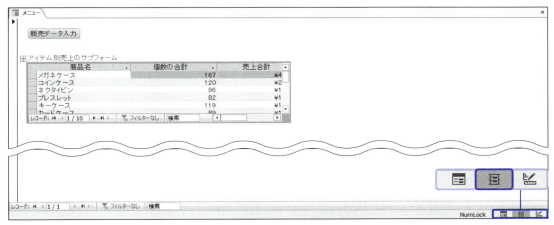

コントロールの大きさやサブフォーム内のフィールドの幅などを変更して、データを見やすくしましょう（**図71**）。

図71 大きさを調整したサブフォーム

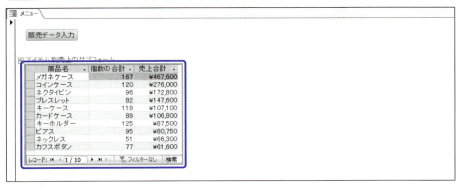

6-5-3 サブフォームを利用する際に注意すべきこと

さて、ここでひとつ注意しておきたいのですが、ウィザードでサブフォームを作ると、フォームが1つ増えます。これは、ウィザードの途中で指定したテーブルもしくはクエリを、Accessが自動でフォームに変換したものです。サブフォームウィザードは、いったんテーブル/クエリのフォームを作成してから、それをソースとして登録する、という方法なので、新しくフォームが作られてしまうのです。

サンプルの場合は「アイテム別売上」クエリを指定したので、図72のような「アイテム別売上のサブフォーム」という名前のフォームが新しく作られています。

図72 ウィザードによって作られた「アイテム別売上」クエリをフォーム化したもの

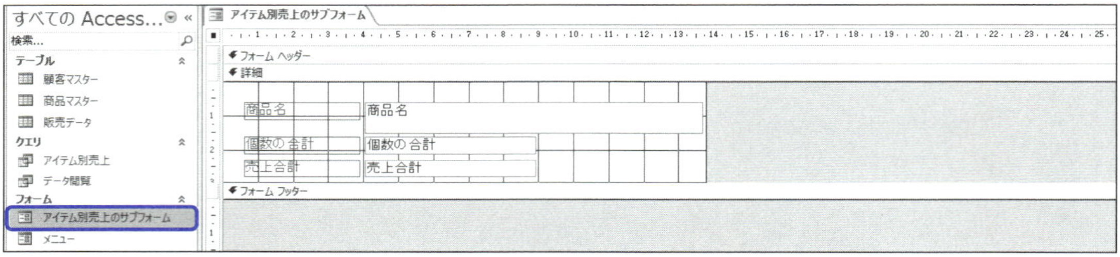

しかし、今回のような場合、クエリに対するフォームが新しくできてしまうのは、少しわずらわしく感じます。クエリの内容をサブフォームに表示させたいだけなので、このクエリのフォームが作成されたところで、使用しないからです。

このような場合、ウィザードを使わずに、サブフォームのソースへ直接クエリを登録するほうがスマートです。

図73 閲覧だけならウィザードを使わないほうがよい

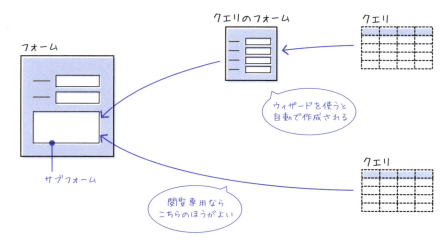

6-5 フォームにクエリを埋め込む〜売上合計を表示させる

　それでは新しいフォームを作らずにサブフォームを設定してみましょう。方法は、コントロールで「サブフォーム/サブレポート」を選択し、任意の場所へドラッグするところまでは同じです（図74）。「サブフォームウィザード」が開きますが、ここで「キャンセル」をクリックします（図75）。

図74　「サブフォーム/サブレポート」を選択しドラッグ

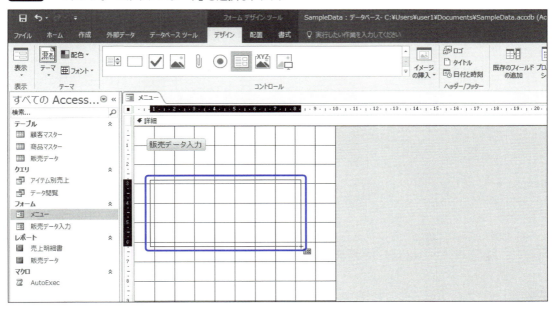

図75　ウィザードをキャンセル

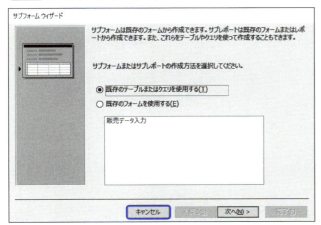

すると、いったん非連結のサブフォームができあがるので、プロパティシート「データ」タブの「ソースオブジェクト」の をクリックして、直接クエリを指定します（**図76**）。

図76 「ソースオブジェクト」にクエリを指定

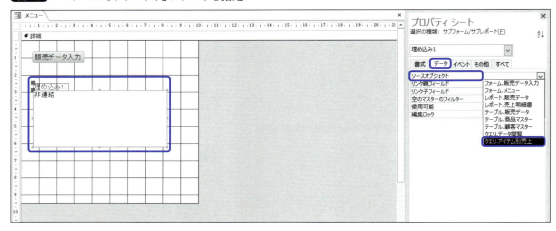

「非連結」と書いてあったサブフォームに「クエリ.アイテム別売上」と表示されました（**図77**）。また、「編集ロック」は「はい」を選択しておきます。

図77 サブフォームのソースが設定された

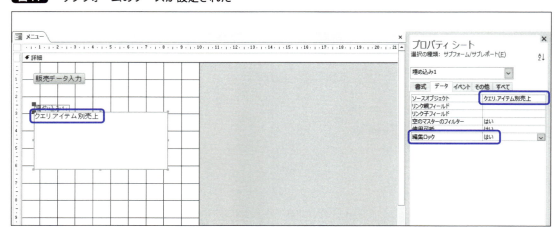

これをレイアウトビューで見てみると、ナビゲーションウィンドウに新たなフォームが作成されていない状態でも、きちんとクエリが表示されています（**図78**）。

6-5 フォームにクエリを埋め込む〜売上合計を表示させる

図78 レイアウトビューで表示したサブフォーム

ラベルを変更したり、サブフォームの大きさを調整しましょう（**図79**）。

図79 大きさを調整したサブフォーム

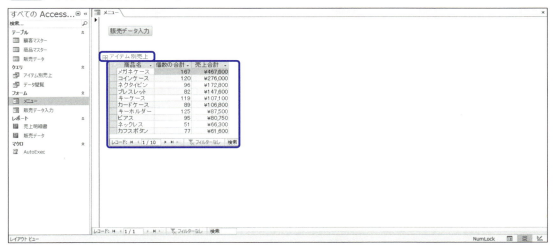

図71と見た目は同じですが、ナビゲーションウィンドウに不必要なフォームを作ることなく、クエリをサブフォームに表示することができました。

なお、追加したサブフォームのラベルの名前と表題を「アイテム別売上」に変更しておきます。

CHAPTER 6

6-6 パラメータークエリ
～ユーザーに入力させる

フォーム上にクエリを表示させることができましたが、このクエリの条件を変える仕組みを作ってみましょう。テキストボックスを利用して、ユーザーに入力してもらった値でクエリを更新します。

6-6-1 テキストボックスを作成する

「メニュー」フォームにサブフォームとして表示した「アイテム別売上」クエリは、**6-5-1**（P.281）で設定したとおり、日付で範囲を指定できるようになっています（**図80**）。

図80 「アイテム別売上」クエリのデザインビュー

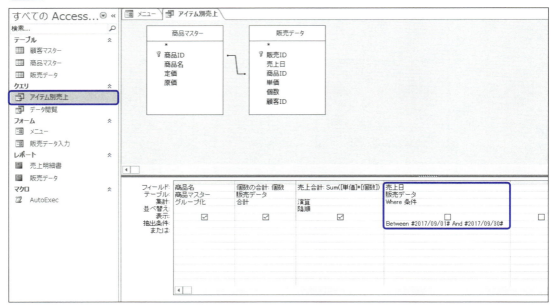

3-7（P.103）を参考にして、この条件の部分をパラメータークエリに変更します。フォーム上でユーザーに条件を入力させて、その値をパラメータークエリで利用してみましょう。まずは、「メニュー」フォームに「開始日」と「終了日」の2つのテキストボックスを設置します。

6-6 パラメータークエリ～ユーザーに入力させる

「メニュー」フォームをデザインビューで開き、「コントロール」の「テキストボックス」を選択して任意の位置にドラッグします（図81）。

図81　テキストボックスを配置

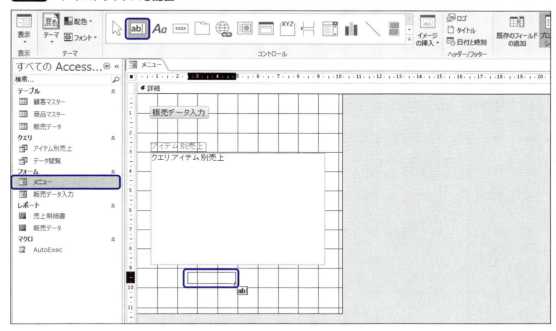

すると、「テキストボックスウィザード」が開きます（図82）。ここでフォントやスタイルなどを設定することができます。お好みで設定し「次へ」をクリックします。

図82　テキストボックスのスタイル設定

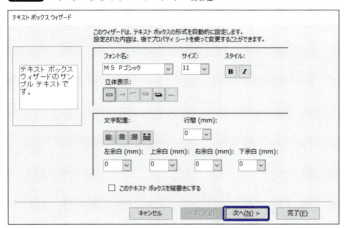

次の画面では、入力モードなどを設定することもできます（図83）。「次へ」をクリックします。最後にテキストボックスのコントロール名を設定します（図84）。この名前はパラメータークエリで使うので、わかりやすい名前にしておきましょう。ここでは「開始日」という名前にします。

図83 テキストボックスの入力モード設定

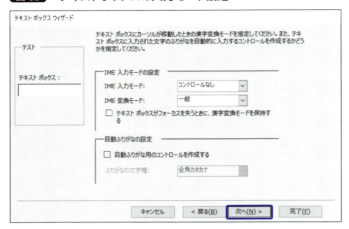

図84 テキストボックス名の設定

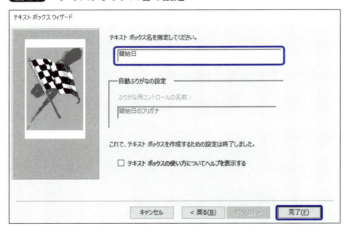

指定した名前でテキストボックスが作成されました。プロパティシートで「書式」を「日付」にしておくと、フォームビューで実行したときにカレンダーを利用できます（図85）。

図85 テキストボックスの書式設定

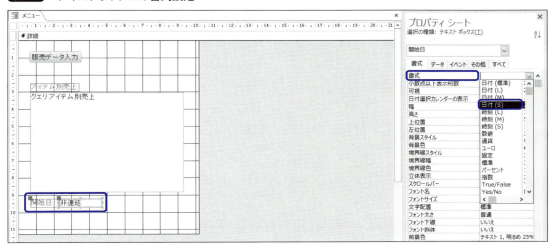

同じ手順で、「終了日」というテキストボックスも作成します（図86）。

図86 もう1つテキストボックスを追加

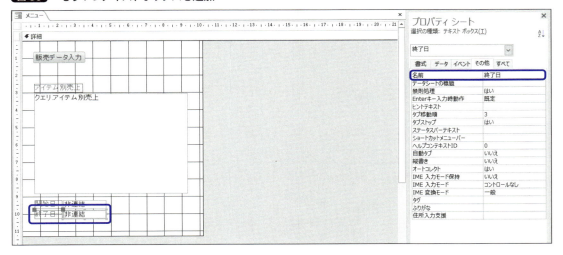

これで、パラメータークエリに利用する2つのテキストボックスが配置できました。

6-6-2 クエリの条件にフォームの値を設定する

「アイテム別売上」クエリをデザインビューで開き、パラメータークエリに書き換えます。「Where条件」欄の「抽出条件」にカーソルを合わせ、「デザイン」タブの「ビルダー」をクリックして、式ビルダーを起動します（図87）。

図87 「ビルダー」をクリック

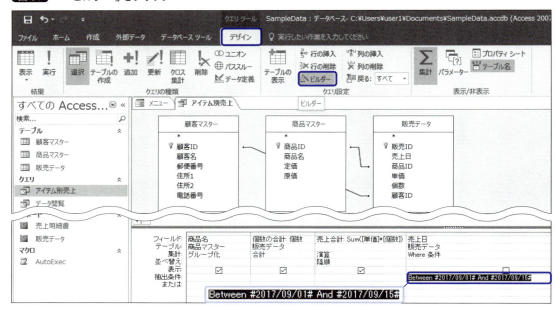

フォームに設置したテキストボックスを使う場合は、「式の要素」で「メニュー」フォームを選択し、「式のカテゴリ」に表示されている要素をダブルクリックすると、式に挿入できます。「開始日」と「終了日」を使って「Between □ And □」の形になるように式を作成します（図88）。

図88 フォームのコントロールを使った式

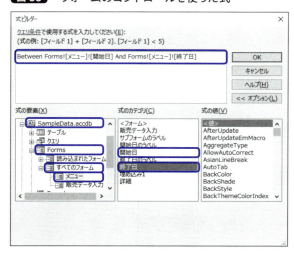

「OK」をクリックすると、クエリのデザイングリッドに式が挿入されました（図89）。

6-6 パラメータークエリ～ユーザーに入力させる

図89 式が挿入された

フィールド:	商品名	個数の合計: 個数	売上合計: Sum([単価]*[個数])	売上日	
テーブル:	商品マスター	販売データ		販売データ	
集計:	グループ化	合計	演算	Where 条件	
並べ替え:			降順		
表示:	☑	☑	☑	☐	☐
抽出条件:				Between [Forms]![メニュー]![開始日] And [Forms]![メニュー]![終了日]	
または:					

これで、パラメータークエリの設定は終了です。保存して閉じておきます。

6-6-3 クエリを再表示するコマンドボタンを配置する

　フォーム上にテキストボックスを設置し、その値を使ったパラメータークエリの設定ができましたが、もう1つ設定が必要です。クエリは、「メニュー」フォームが読み込まれたときに一度実行されるだけなので、テキストボックスの値が変更されたあとにクエリを更新する「きっかけ」を作ってあげなくてはいけません。そのため、クエリを更新するコマンドボタンを作りましょう。

　「メニュー」フォームをデザインビューで開き、「デザイン」タブの「コントロール」で「コマンドボタン」を選択して任意の位置でドラッグします（**図90**）。

図90 コマンドボタンを作成

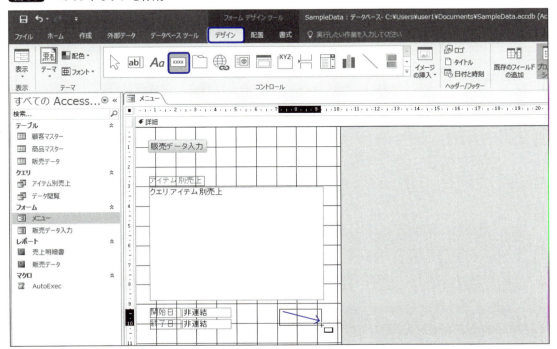

「コマンドボタンウィザード」が開きますが、クエリを更新する動作はこのウィザードの中にはないので、「キャンセル」をクリックして手動で設定します（図91）。

図91 ウィザードをキャンセル

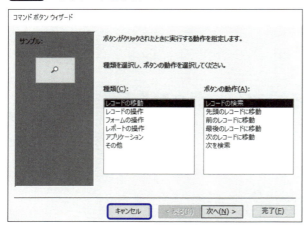

プロパティシートでコントロール名を設定します（図92）。「名前」はマクロなどシステム上で使うコントロール名で、「標題」はコマンドボタン上に表示される文字列になります。

図92 コントロールの「名前」と「標題」を設定

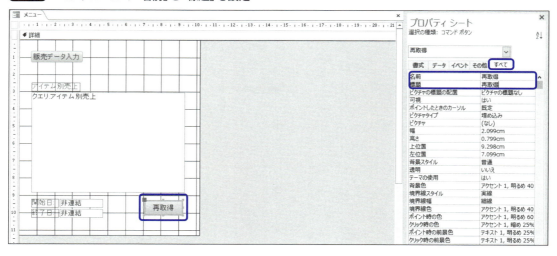

6-6 パラメータークエリ〜ユーザーに入力させる

　このコマンドボタンにクエリを更新するマクロを設定しましょう。コマンドボタンを右クリックして「イベントのビルド」をクリックします（図93）。

図93　「イベントのビルド」をクリック

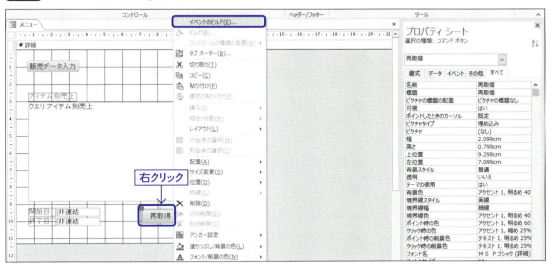

「ビルダーの選択」のウィンドウが表示されたら、「マクロビルダー」を選択します（図94）。

図94　「マクロビルダー」を選択

マクロツールが開きました。ここで「再取得」をクリックしたときのマクロを設定します。「新しいアクションの追加」で「再クエリ」を選択します（図95）。

図95 アクションに「再クエリ」を追加

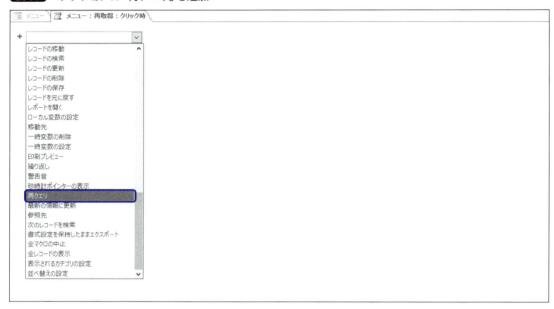

上書き保存し、マクロツールを閉じます（図96）。

図96 上書き保存してマクロツールを終了

それでは動作検証してみましょう。「メニュー」フォームをフォームビューで開きます。最初はテキストボックスが空なので、サブフォーム内にはデータは読み込まれません。「開始日」と「終了日」のテキストボックスに任意の日付を入力します（図97）。

6-6 パラメータークエリ～ユーザーに入力させる

図97 フォームビューで動作を検証

「再取得」をクリックするとマクロが実行され、テキストボックスの値でクエリを更新することができました（**図98**）。

図98 パラメータークエリの動作結果

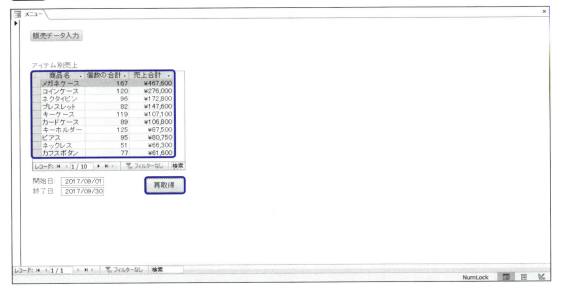

ちなみに図99のように、プロパティシートでテキストボックスに「データ」タブの「既定値」を設定しておくと、「メニュー」フォームが読み込まれた最初からデータを表示させておくことができます。

図99 テキストボックスの既定値を設定

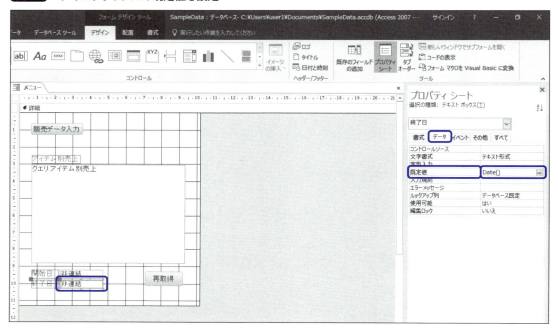

使い勝手にもよりますが、固定の日付を入力しておくより「利用しているその日」を基準に値が入っていると、ユーザーは使いやすいかもしれません。表1のような関数を「規定値」に書いておくと、その日によって違う値でデータを読み込んでくれます。

表1 既定値の例

開始日	終了日	意味
DateAdd("d",-7,Date())	Date()	1週間前から今日まで
DateAdd("m",-1,Date())	Date()	1ヵ月前から今日まで
DateAdd("yyyy",-1,Date())	Date()	1年前から今日まで
DateSerial(Year(Date()),Month(Date()),1)	DateSerial(Year(Date()),Month(Date())+1,0)	今月の1日から月末まで

索 引

記号

#	91
＊	81, 98
"	91
""	102

英字

accdb	26
Access	14
And	94, 100
ASC 関数	59
AutoExec	277
Between	95
CSV ファイル	64
DBMS	16
Excel	16, 37
ID	45
JIS 関数	51, 59
Like	96
LOWER 関数	59
Not Like	97
Null	102
Or	101
SUBSTITUTE 関数	56
UPPER 関数	59
VBA	22
Where	95, 281
Yes／No 型	36

ア行

あいまい検索	96
アクションクエリ	75, 107
宛名ラベルウィザード	206
一対多	168
一致しない	90
一致する	89
イベントのビルド	273
印刷	21
印刷プレビュー	203
インポート	60
上書き保存	39
運用	69
エクスポート	130
演算フィールド	83
鉛筆マーク	266
オートナンバー型	36, 46
オートフィル	52
大文字	59
オブジェクト	25

カ行

外部キー	143
鍵	141
空かどうか	102
空のデータベース	26
カレンダー	265
カレントデータベース	108
規定値	300
起動	26
行の挿入	150
クイックアクセスツールバー	29
空白のフォーム	268
クエリ	20, 74
クエリデザイン	76
クエリビルダー	228, 253
グループ化	87
グループレベル	209
結合プロパティ	178
検索と置換	124

降順	78	置換	59, 123
更新クエリ	117	抽出条件	89
コマンドボタンウィザード	269	長整数型	35
小文字	59	帳票形式	201
コントロール	213, 230, 253	重複データ	137
コントロールパネル	35	重複の削除	53
コンボボックス	214	追加クエリ	107
		通貨型	36
		定型入力	154

サ行

最適化と修復	70	データ	15
探す場所	124	データ型	34
削除クエリ	125	データ管理	16
サブフォーム	282	データシートビュー	39, 67
サブフォームウィザード	283	データベース	14
参照整合性	185	データベースファイル	26
シート	37	テーブル	19, 32
式ビルダー	82, 172	テーブルデザイン	111
実行	79	テーブルの作成	148
集計	87	テーブルの表示	76
住所入力支援	155	テーブル分割	145
主キー	45, 143	テキスト型	36
詳細	215	テキストボックス	214, 240
初期画面	27	テキストボックスウィザード	291
書式のクリア	48	適切な形	23
数値型	35	デザイングリッド	77
ズーム	212	デザインビュー	40, 202, 255
図形の枠線	221	伝票ウィザード	206
ステータスバー	29, 40	問い合わせ	20
すべて置換	124	統一	24
整合性	23	トランザクションデータ	141
税込金額	121	トランザクションテーブル	141
セクション	213		
設定値	103		

ナ行

全角	59	内部結合	180
選択クエリ	74	ナビゲーションウィンドウ	28

タ行

タブ	28	名前を付けて保存	79
単票形式	200	並べ替え	54
		二重化の防止	70

| 入力チェック | 196 |

ハ行

倍精度浮動小数点型	35
はがきウィザード	207
バックアップ	72
パラメーター	103
パラメータークエリ	103, 246
範囲	94
半角	59
左外部結合	181
日付 (S)	42
日付／時刻型	35
日付と時刻	231
ビュー	29
表記の統一	50
表形式	32, 200
表示	80
ビルダー	83
非連結コントロール	253
フィールド	33
フィールドの設定	41
フィールドの連鎖更新	189
フィールドプロパティ	42
フィールド名	33, 42
フィールドリスト	229, 260
フィルター	222
フィルターの解除	248
フォーム	22, 252
フォームビュー	256
不等号	92
プロパティシート	175
ページ番号	241
ページフッター	215
ページヘッダー	215
編集ロック	261
ボタン	269

マ行

マクロ	22, 277
マクロツール	274
マクロビルダー	297
マスターデータ	141
マスターテーブル	141
右外部結合	184
短いテキスト	43
文字数ゼロの文字列	102

ラ行

ラベル	214
リスト幅	195
リボン	28
リレーションシップ	139, 166
リレーションシップの編集	177
リレーションを張る	139, 166
ルックアップフィールド	192
レイアウトビュー	202, 218, 255
レコード	33
レコードソース	227, 263
レコードのカウント	216
レコードの更新	68
レコードの削除	68
レコードの追加	67
レコードの連鎖削除	189
列幅	196
レポート	21, 200
レポートウィザード	208
レポートデザイン	227
レポートビュー	203
レポートフッター	215
レポートヘッダー	215
連結コントロール	253

ワ行

| ワイルドカード | 96 |

[著者略歴]

今村 ゆうこ（いまむら ゆうこ）

非IT系企業の情報システム部門に所属し、Web担当と業務アプリケーション開発を手掛ける。
2人の保育園児を抱えるワーキングマザー。

著作
「Excel & Access連携 実践ガイド」（技術評論社）
「スピードマスター 1時間でわかる Accessデータベース超入門」（技術評論社）

- 装丁
  クオルデザイン 坂本真一郎
- カバーイラスト
  今村ゆうこ
- 本文デザイン・DTP
  技術評論社 制作業務部
- 編集
  土井清志
- サポートホームページ
  https://gihyo.jp/book/2017/978-4-7741-8888-1

Accessデータベース 本格作成入門
～仕事の現場で即使える

2017年5月3日 初版 第1刷発行
2023年1月6日 初版 第3刷発行

著者	今村ゆうこ
発行者	片岡 巌
発行所	株式会社技術評論社 東京都新宿区市谷左内町21-13 電話 03-3513-6150 販売促進部 　　 03-3513-6160 書籍編集部
印刷／製本	日経印刷株式会社

定価はカバーに表示してあります。

造本には細心の注意を払っておりますが、万一、乱丁（ページの乱れ）や落丁（ページの抜け）がございましたら、小社販売促進部までお送りください。送料小社負担にてお取り替えいたします。

本書の一部または全部を著作権法の定める範囲を超え、無断で複写、複製、転載、テープ化、ファイルに落とすことを禁じます。

©2017 今村ゆうこ

ISBN978-4-7741-8888-1 C3055
Printed in Japan

■ お問い合わせについて

本書の内容に関するご質問は、下記の宛先までFAXまたは書面にてお送りください。電話によるご質問、および本書に記載されている内容以外の事柄に関するご質問にはお答えできかねます。あらかじめご了承ください。

〒162-0846
東京都新宿区市谷左内町21-13
株式会社技術評論社 書籍編集部
「Accessデータベース 本格作成入門
～仕事の現場で即使える」質問係
FAX番号 03-3513-6167

なお、ご質問の際に記載いただいた個人情報は、ご質問の返答以外の目的には使用いたしません。また、ご質問の返答後は速やかに破棄させていただきます。